Lecture Notes in Mathematics

Edited by A. Dold and B. Eckmann

705

Otto Forster
Knut Knorr

Konstruktion verseller Familien kompakter komplexer Räume

Springer-Verlag
Berlin Heidelberg New York 1979

Autoren

Otto Forster
Mathematisches Institut
Westf. Wilhelms-Universität
Roxeler Str. 64
D-4400 Münster

Knut Knorr
Mathematisches Institut
Universität Regensburg
Universitätsstr. 31
D-8400 Regensburg

CIP-Kurztitelaufnahme der Deutschen Bibliothek. *Forster, Otto:* Konstruktion verseller Familien kompakter komplexer Räume / Otto Forster, Knut Knorr. – Berlin, Heidelberg, New York: Springer, 1979.
(Lecture notes in mathematics; Vol. 705)
NE: Knorr, Knut:

AMS Subject Classifications (1970): 32G05

ISBN 3-540-09122-X Springer-Verlag Berlin Heidelberg New York
ISBN 0-387-09122-X Springer-Verlag New York Heidelberg Berlin

Printed in Germany

Gesamtherstellung: Beltz Offsetdruck, Hemsbach/Bergstr.
2141/3140-543210

Einleitung

In seiner berühmten Abhandlung "Theorie der abelschen Funktionen" stellte Riemann im Jahre 1857 den Satz auf, daß eine Riemannsche Fläche vom Geschlecht $p \geq 2$ von $3p - 3$ Moduln (= komplexen Parametern) abhängt. Diese Aussage wurde durch Arbeiten von Teichmüller, Rauch, Ahlfors, Bers und Grothendieck präzisiert und man gelangte schließlich zur Konstruktion einer Familie $\pi: \mathcal{X} \longrightarrow S$ aller Riemannschen Flächen vom Geschlecht p. Dabei sind S und $\mathcal{X}$ komplexe Mannigfaltigkeiten der Dimension $3p - 3$ bzw. $3p - 2$ und π ist eine eigentliche reguläre holomorphe Abbildung. Die Fasern $\pi^{-1}(s)$, $s \in S$, durchlaufen alle kompakten Riemannschen Flächen vom Geschlecht p mit ausgezeichneter Basis der ganzzahligen Homologie. Außerdem ist $\mathcal{X} \longrightarrow S$ Lösung eines geeignet formulierten universellen Problems.

Bei der Verallgemeinerung dieser Theorie auf kompakte komplexe Mannigfaltigkeiten höherer Dimension, die von Kodaira und Spencer initiiert wurde, stellte sich heraus, daß es i.a. nicht mehr möglich ist, alle kompakten komplexen Mannigfaltigkeiten eines bestimmten topologischen Typs wie im Fall Riemannscher Flächen zu einer holomorphen Familie $\pi: \mathcal{X} \longrightarrow S$ zusammenzufassen, sondern daß man sich mit der Betrachtung solcher Mannigfaltigkeiten begnügen muß, deren komplexe Struktur von einer gegebenen kompakten komplexen Mannigfaltigkeit X nur wenig abweicht. Man gelangt so zum Begriff der Deformation einer komplexen Mannigfaltigkeit X. Eine solche Deformation ist eine reguläre holomorphe Familie $\pi: Y \longrightarrow S$, wobei nunmehr S ein komplexer Raumkeim mit ausgezeichnetem Punkt s_o ist und die Faser $\pi^{-1}(s_o)$ sich mit der gegebenen Mannigfaltigkeit X identifiziert. Die Deformation $\pi: Y \longrightarrow S$ heißt vollständig, wenn es zu jeder anderen Deformation $\tau: Z \longrightarrow T$ von X über dem Raum-

---

Während eines Teils der Vorbereitszeit für diese Arbeit war der zweitgenannte Autor Gast am Tata-Institut, Bombay. Er dankt dem Institut für die gewährte Gastfreundschaft und die idealen Arbeitsbedingungen.

keim (T,t_o) einen Morphismus $\alpha: (T,t_o) \longrightarrow (S,s_o)$ gibt, so daß die Familie $Z \longrightarrow T$ mittels α aus $Y \longrightarrow S$ induziert wird. Die Deformation heißt versell, wenn in der obigen Situation außerdem das Differential von α im ausgezeichneten Punkt eindeutig bestimmt ist.

Kodaira, Nirenberg und Spencer [19] bewiesen 1958 für kompakte komplexe Mannigfaltigkeiten mit $H^2(X,\Theta_X) = 0$ die Existenz von versellen Deformationen und vier Jahre später Kuranishi [20] für kompakte komplexe Mannigfaltigkeiten ohne zusätzliche Bedingung. Für kompakte komplexe Räume mit Singularitäten wurde das entsprechende Modulproblem von Grothendieck [15] präzisiert und 1974 von Grauert [14] und Douady [6] gelöst. Eine weitere Lösung stammt von Palamodov [28].

Die Beweise von Kodaira-Nirenberg-Spencer und Kuranishi benutzen wesentlich die Theorie der fastkomplexen Strukturen und Sätze aus der Theorie der elliptischen Differentialoperatoren. Diese Methoden sind jedoch für komplexe Räume mit Singularitäten nicht anwendbar. Deshalb mußten Grauert und Douady neue Techniken entwickeln. Eine große Rolle spielt dabei die von Douady in [4] entwickelte Theorie der Banach-analytischen Räume. Bei beiden Autoren erscheint der Basisraum der versellen Deformation als Unterraum eines Banach-analytischen Raumes, der dann mit einem Endlichkeitskriterium von Douady als endlichdimensional erkannt wird.

Wir bringen in der vorliegenden Arbeit einen andersartigen Beweis für die Existenz einer versellen Deformation eines kompakten komplexen Raumes mit Hilfe der Potenzreihenmethode. Dabei wird, ausgehend von einer formalen Lösung des Problems, deren Existenz durch einen allgemeinen Satz von Schlessinger [23] sichergestellt ist, Ordnung für Ordnung eine "konvergente" verselle Deformation konstruiert. Die Konvergenz wird dabei durch einen Majorantenkalkül kontrolliert, der letztlich auf den "calcul des limites" von Cauchy zurückgeht. Kodaira und Spencer [18] bewiesen bereits 1958 mit Potenzreihenmethoden (ohne Potentialtheorie) ihren Vollständigkeitssatz für Deformationen von kompakten komplexen Mannigfaltigkeiten. Für das Deformationsproblem von analytischen Raumkeimen wurden Potenzreihenmethoden von Kerner [17], Tjurina [26] und Grauert [13] angewendet. Während in den von Kerner und Tjurina behandelten Fällen die Basis der zu konstruierenden Deformation a priori regulär ist, wird bei Grauert die Basis im allgemeinen singulär. Um den dabei auftretenden Schwierigkeiten begegnen zu können, entwickelte Grauert eine Divisions- und Erweiterungstheorie für Potenzreihenideale, von der auch wir in dieser Arbeit Gebrauch machen (und zwar in der Form, wie sie in Kapitel I von [7] dargestellt ist).

Bei der Deformation von kompakten komplexen Räumen treten noch zusätzliche Schwierigkeiten auf, die wir ähnlich wie bei Grauert [14] durch eine verfeinerte Glättungstechnik überwinden. Außerdem ist es für die Anwendbarkeit der Potenzreihenmethode nötig, einen Differentialkalkül für Räume von Potenzreihen und eine konkrete Hindernistheorie für die Fortsetzung von Deformationen um eine Ordnung zu entwickeln. Wir haben in [8] die Konstruktion einer versellen Deformation von kompakten komplexen Mannigfaltigkeiten für den klassischen Fall von Kodaira-Nirenberg-Spencer mit Hilfe der Potenzreihenmethode durchgeführt. Dort treten bereits alle wesentlichen Schwierigkeiten in vereinfachter Form auf. Deshalb sei dem Leser die Arbeit [8] oder auch [9] als vorbereitende Lektüre empfohlen.

Inhalt

Kapitel I. Theorie

§ 1. Deformationen komplexer Räume 2
§ 2. Plattheit 6
§ 3. Lokale Einbettung von Deformationen 10
§ 4. Die Garbe der Pseudodeformationen 14
§ 5. Einspannung von Deformationen 19
§ 6. Der Extensionskomplex 27
§ 7. Hindernistheorie 41

Kapitel II. Glättungssatz

§ 8. Differentialrechnung in induktiv normierten Räumen 51
§ 9. Homomorphismenräume 56
§ 10. Die Garbe der vertikalen Automorphismen 61
§ 11. Aufspaltungslemma 64
§ 12. Folgerungen aus dem Aufspaltungslemma 75
§ 13. Theorem B für Deformationen 83
§ 14. Glättungssatz erster Art 92

Kapitel III. Konvergenzbeweis

§ 15. Vorbereitungen 100
§ 16. Reduktions- und Überschußlemma 106
§ 17. Fortsetzung um eine Ordnung 111
§ 18. Rückrechnung 120
§ 19. Glättungssätze 124
§ 20. Konvergenzbeweis 131

Literaturverzeichnis 135

Index 138

Kapitel I. Theorie

Dieses Kapitel dient der theoretischen Vorbereitung für die Konstruktion einer versellen Deformation eines kompakten komplexen Raumes. Nach einigen allgemeinen Definitionen in den §§ 1 und 2 beschreiben wir in den §§ 3 und 4 die lokale Einbettung einer Deformation in das Produkt eines Polyzylinders mit dem Parameterraum. Dort läßt sich die Deformation darstellen durch eine freie Auflösung der Strukturgarbe, welche wiederum durch eine Folge von Matrizen konkret gegeben wird. Um die Verheftung der lokalen Deformationen miteinander zu beschreiben, definieren wir in § 5 die Einspannung eines kompakten komplexen Raumes. Die globalen Deformationen lassen sich damit durch gewisse nicht-abelsche Cozyklen darstellen. Bezüglich einer gegebenen Einspannung wird in § 6 ein sog. Extensionskomplex eingeführt (dieser Komplex ist zwar nicht invariant, reicht aber für unsere Bedürfnisse). Die erste Cohomologie des Extensionskomplexes liefert den Vektorraum der infinitesimalen Deformationen. In § 7 zeigen wir, daß die zweite Cohomologie des Extensionskomplexes die Hindernisse gegen die Fortsetzung einer Deformation bei kleiner Erweiterung der Basis enthält.

§ 1. Deformationen komplexer Räume

1.1. Eine holomorphe Abbildung $f: Y \longrightarrow S$ zwischen zwei komplexen Räumen Y und S heißt platt im Punkt $y \in Y$, wenn $\mathcal{O}_{Y,y}$ ein platter $\mathcal{O}_{S,f(y)}$-Modul ist. Nach einem Satz von J. Frisch [10] ist die Menge der Punkte $y \in Y$, in denen f nicht platt ist, analytisch. Insbesondere folgt daraus: Ist die Abbildung f platt in allen Punkten der Faser $Y_o := f^{-1}(s_o)$ eines Punktes $s_o \in S$, so ist sie in einer ganzen Umgebung von Y_o platt.

1.2. Sei (S,s_o) oder kurz S ein komplexer Raumkeim. Unter einer Familie komplexer Räume $\pi: Y \xrightarrow{\cdot} S$ über dem Raumkeim S verstehen wir eine Äquivalenzklasse von holomorphen Abbildungen $\pi': Y' \longrightarrow S'$, wobei Y' ein komplexer Raum und S' Repräsentant von S ist, modulo folgender Äquivalenzrelation: Zwei solche Abbildungen $\pi_i: Y_i \longrightarrow S_i$, $i = 1,2$, heißen äquivalent, wenn es offene Umgebungen $V_i \subset S_i$ von s_o und $U_i \subset Y_i$ von $\pi_i^{-1}(s_o)$ mit $\pi_i(U_i) \subset V_i$ gibt, so daß $\pi_1: U_1 \longrightarrow V_1$ identisch gleich $\pi_2: U_2 \longrightarrow V_2$ ist.

Seien (S_i,s_i), $i = 1,2$ zwei komplexe Raumkeime, $\xi_i = (\pi_i: Y_i \longrightarrow S_i)$, $i = 1,2$, zwei Familien komplexer Räume über S_i und $\phi: S_1 \longrightarrow S_2$ ein Morphismus von Raumkeimen. Unter einem Morphismus $\xi_1 \longrightarrow \xi_2$ über ϕ versteht man eine Äquivalenzklasse kommutativer Diagramme holomorpher Abbildungen

$$\begin{array}{ccc} Y_1' & \xrightarrow{\quad f \quad} & Y_2' \\ {\scriptstyle \pi_1'} \downarrow & & \downarrow {\scriptstyle \pi_2'} \\ S_1' & \xrightarrow{\quad \phi' \quad} & S_2' \end{array}$$

wobei $\pi_i': Y_i' \longrightarrow S_i'$ Repräsentanten von ξ_i und ϕ' ein Repräsentant von ϕ ist. Die Äquivalenz ist in naheliegender Weise zu verstehen.

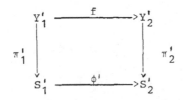

Ist $\pi: Y \longrightarrow S$ eine Familie komplexer Räume über dem Raumkeim (S,s_o), so ist die <u>zentrale Faser</u> $(\pi')^{-1}(s_o)$ unabhängig vom Repräsentanten $\pi': Y' \longrightarrow S'$ von $\pi: Y \longrightarrow S$ und wird mit $\pi^{-1}(s_o)$ bezeichnet.

Ist die zentrale Faser $\pi^{-1}(s_o)$ einer Familie $\pi: Y \longrightarrow S$ komplexer Räume über einem Raumkeim kompakt, so gibt es einen Repräsentanten $\pi': Y' \longrightarrow S'$, wo π' eine eigentliche holomorphe Abbildung ist. In diesem Fall besitzt $(\pi')^{-1}(s_o)$ in Y' ein Fundamentalsystem von bzgl. π' saturierten Umgebungen.

Eine Familie $\pi: Y \longrightarrow S$ komplexer Räume über einen Raumkeim S heißt <u>platt</u>, wenn es einen Repräsentanten $\pi': Y' \longrightarrow S'$ gibt, wo π' eine (überall)platte Abbildung ist. Dafür daß die Familie $\pi: Y \longrightarrow S$ platt ist, genügt es zu wissen, daß sie einen Repräsentanten besitzt, der in jedem Punkt der zentralen Faser platt ist.

<u>1.3. Definition.</u> Sei X ein komplexer Raum und (S,s_o) ein komplexer Raumkeim. Unter einer <u>Deformation</u> von X über S versteht man eine platte Familie komplexer Räume $\pi: Y \longrightarrow S$ zusammen mit einem Isomorphismus $\tau: X \longrightarrow \pi^{-1}(s_o)$.

Seien (ξ_i,τ_i), $\xi_i = (\pi_i: Y_i \longrightarrow S_i)$, $\tau_i: X \longrightarrow \pi_i^{-1}(s_i)$, $i = 1,2$, Deformationen von X. Unter einem Morphismus $(\xi_1,\tau_1) \longrightarrow (\xi_2,\tau_2)$ versteht man einen Morphismus $\xi_1 \longrightarrow \xi_2$ von Familien komplexer Räume, der mit den τ_i verträglich ist.

Ist $Y \longrightarrow S$ eine Deformation von X und $\phi: T \longrightarrow S$ ein Morphismus von Raumkeimen, so ist das Faserprodukt $Y \times_S T \longrightarrow T$ wieder eine Deformation von X.

Eine Deformation von X über dem Doppelpunkt $p_1=(0,\mathbb{C}[\varepsilon])$ heißt <u>infinitesimale Deformation</u> von X.

Wir bezeichnen mit Def(X,S) die Menge aller Isomorphieklassen von Deformationen des komplexen Raumes X über S.

1.4. Definition. a) Eine Deformation ξ von X heißt vollständig, wenn es zu jeder weiteren Deformation ξ' von X einen Morphismus $\xi' \longrightarrow \xi$ gibt.

b) Eine Deformation $\xi = (Y \longrightarrow S, \tau)$ heißt effektiv, wenn folgendes gilt: Ist $\xi' = (Y' \longrightarrow S', \tau')$ eine weitere Deformation von X und sind $f_i: \xi' \longrightarrow \xi$, $i = 1,2$, Morphismen über $\phi_i: S' \longrightarrow S$, so folgt $d\phi_1 = d\phi_2$ im ausgezeichneten Punkt.

c) Eine Deformation ξ von X heißt versell, wenn sie vollständig und effektiv ist.

1.5. Sei e eine natürliche Zahl. Ein komplexer Raumkeim S heißt von der Ordnung e, wenn für das maximale Ideal $\mathfrak{m}$ seines lokalen Rings gilt $\mathfrak{m}^{e+1} = 0$. Eine Deformation $(Y \longrightarrow S, \tau)$ von X heißt von der Ordnung e, wenn S von der Ordnung e ist.
Eine Deformation ξ von X der Ordnung e heißt e-vollständig, wenn es zu jeder Deformation ξ' von X der Ordnung e einen Morphismus $\xi' \longrightarrow \xi$ gibt. ξ heißt e-versell, wenn ξ e-vollständig und effektiv ist.

1.6. Sei A eine formale analytische Algebra mit maximalem Ideal $\mathfrak{m}$. Die Algebra $A/\mathfrak{m}^{e+1}$ ist der lokale Ring eines gewissen Raumkeimes S_e der Ordnung e. Die kanonische Abbildung $A/\mathfrak{m}^{e+2} \longrightarrow A/\mathfrak{m}^{e+1}$ induziert einen Raumkeimmorphismus $\alpha_e: S_e \longrightarrow S_{e+1}$. Wir nennen die Familie $(S_e, \alpha_e)_{e \in \mathbb{N}}$ einen formalen Raumkeim (vgl. [7]).

Eine formale Deformation eines komplexen Raumes X über dem formalen Raumkeim (S_e, α_e) ist eine Folge (ξ_e, ψ_e), wobei ξ_e eine Deformation von X über S_e und $\psi_e: \xi_e \longrightarrow \xi_{e+1}$ ein Morphismus von Deformationen über α_e ist. Die Begriffe vollständig, effektiv und versell für formale Deformationen sind in naheliegender Weise definiert.

Aus einem allgemeinen Satz von Schlessinger [23] folgt (vgl. Schuster [24]):

1.7. Satz. Sei X ein kompakter komplexer Raum.

a) Es existiert eine formale verselle Deformation Ξ von X.

b) Eine formale Deformation $\Xi = (\xi_e, \psi_e)$ ist genau dann versell, wenn alle ξ_e e-versell sind.

Jeder Deformation ξ eines komplexen Raumes X kann in natürlicher Weise eine formale Deformation $\Xi = (\xi_e, \psi_e)$ zugeordnet werden. ξ heißt formal versell, wenn die zugeordnete formale Deformation Ξ versell ist. Nach Schuster [24] und Wavrik [27] gilt:

1.8. Satz. Eine Deformation ξ eines kompakten komplexen Raumes X ist genau dann versell, wenn sie formal versell ist.

Das Ziel dieser Arbeit ist der Beweis des folgenden Satzes.

Hauptsatz. Zu jedem kompakten komplexen Raum X existiert eine verselle Deformation.

§ 2. Plattheit

In diesem Paragraphen stellen wir einige nützliche Tatsachen über platte Moduln und Morphismen zusammen.

2.1. Satz (Bourbaki). Seien A, B lokale noethersche Ringe, ϕ: A ——> B ein lokaler Morphismus und $\mathfrak{m}$ das maximale Ideal von A. Weiter sei M ein endlich erzeugter B-Modul. Dann gilt: Genau dann ist M platt über A, wenn $\mathrm{Tor}_1^A(A/\mathfrak{m}, M) = 0$ ist. (Vgl. [1], Chap. III, § 5, Théorème 1.)

2.2. Bezeichnungen. Seien A, B lokale noethersche Ringe, ϕ: A ——> B ein lokaler Morphismus und $\mathfrak{m}$ das maximale Ideal von A. Für einen B-Modul M setzen wir

$$M(0) := M/\phi(\mathfrak{m})M.$$

Ist f: M ——> N ein Morphismus von B-Moduln, so sei f(0) : M(0) ——> N(0) der induzierte Morphismus.

2.3. Relationenkriterium. Seien A, B lokale noethersche Ringe und ϕ: A ——> B ein lokaler Morphismus. Weiter sei M ein endlich erzeugter B-Modul und

$$Q \longrightarrow P \longrightarrow M \longrightarrow 0$$

eine exakte B-Modulsequenz, wobei P platt über A ist. Dann sind folgende Aussagen äquivalent:

i) M ist A-platt

ii) Die Abbildung

$$\mathrm{Ker}(Q \longrightarrow P) \longrightarrow \mathrm{Ker}(Q(0) \longrightarrow P(0))$$

ist surjektiv.

Beweis. Sei $R := \mathrm{Ker}(Q \longrightarrow P)$. Man betrachte das kommutative Diagramm

$$\begin{array}{ccccccccc} R & \longrightarrow & Q & \longrightarrow & P & \longrightarrow & M & \longrightarrow & 0 \\ \downarrow & & \downarrow & & \downarrow & & \downarrow & & \\ R(0) & \longrightarrow & Q(0) & \longrightarrow & P(0) & \longrightarrow & M(0) & \longrightarrow & 0, \end{array}$$

dessen erste Zeile exakt ist. Da P platt über A ist, gilt

$$\mathrm{Tor}_1^A(A/\mathfrak{m}, M) = \mathrm{Ker}(Q(0) \longrightarrow P(0))/\mathrm{Im}\,(R(0) \longrightarrow Q(0)).$$

Nach dem Satz von Bourbaki (2.1) ist M genau dann platt über A, wenn die zweite Zeile exakt ist. Dies ist aber äquivalent zur Bedingung (ii).

2.4. Lemma. Sei A ein kommutativer Ring und $\mathfrak{a}$ ein Ideal von A. Weiter sei

$$Q \longrightarrow P \longrightarrow 0$$

eine exakte Sequenz von A-Moduln, wobei P platt über A ist. Dann gilt für den Modul $N := \mathrm{Ker}(Q \longrightarrow P)$, daß

$$N \cap \mathfrak{a}Q = \mathfrak{a}N.$$

(Vgl. Bourbaki [1] Chap. I, cor. de la prop. 7.)

2.5. Exaktheitskriterium. Seien A, B lokale noethersche Ringe und $\phi: A \longrightarrow B$ ein lokaler Morphismus. Sei

$$(*) \qquad P_k \longrightarrow \ldots \longrightarrow P_1 \longrightarrow P_o \longrightarrow 0$$

ein Komplex von endlich erzeugten B-Moduln, die platt über A sind. Dann gilt: Die Sequenz (*) ist genau dann exakt, wenn der Komplex

$$P_k(0) \longrightarrow \ldots \longrightarrow P_1(0) \longrightarrow P_o(0) \longrightarrow 0$$

exakt ist.

Dieses Kriterium läßt sich unter Verwendung von Lemma (2.4) leicht mit Hilfe des Lemmas von Nakayama beweisen.

<u>2.6. Isomorphiekriterium.</u> Gegeben sei ein kommutatives Diagramm

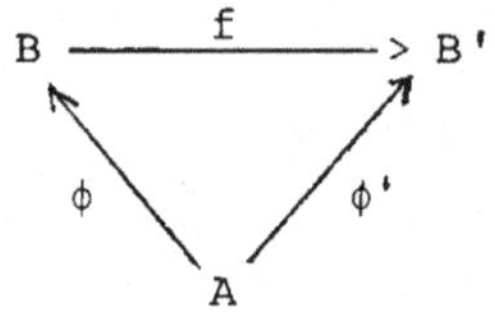

in der Kategorie der analytischen Algebren. Dann gilt:

a) Ist $f(0): B(0) \longrightarrow B'(0)$ surjektiv, so ist auch $f: B \longrightarrow B'$ surjektiv.

b) Ist B' vermöge ϕ' platt über A und $f(0): B(0) \longrightarrow B'(0)$ ein Isomorphismus, so ist auch $f: B \longrightarrow B'$ ein Isomorphismus.

<u>Beweis.</u> Seien $\mathfrak{m} \subset A$, $\mathfrak{n} \subset B$ und $\mathfrak{n}' \subset B'$ die maximalen Ideale.

a) Aus der Surjektivität von $f(0)$ folgt

$$f(\mathfrak{n}) + \phi'(\mathfrak{m})B' = \mathfrak{n}', \text{ also } f(\mathfrak{n})B' = \mathfrak{n}'.$$

Aus einem Corollar des Weierstraßschen Vorbereitungssatzes (vgl. [12] , Kap. II, § 2, Satz 3) ergibt sich daraus, daß f surjektiv ist.

b) Sei $K := \operatorname{Ker} f$. Nach (a) ist die Sequenz

$$0 \longrightarrow K \longrightarrow B \xrightarrow{f} B' \longrightarrow 0$$

exakt. Tensorieren mit $A/\mathfrak{m}$ liefert, daß $K(0) = 0$. Nach Nakayama folgt $K = 0$.

<u>2.7. Bemerkung.</u> Seien $(\pi_i : Y_i \longrightarrow S, \tau_i)$, $i = 1,2$ zwei Deformationen des komplexen Raumes X über dem selben Raumkeim S. Aus (2.6) folgt, daß jeder Morphismus von Deformationen

$$\begin{array}{ccc} Y_1 & \xrightarrow{\quad \alpha \quad} & Y_2 \\ & {}_{\pi_1}\searrow \quad \swarrow_{\pi_2} & \\ & S & \end{array}$$

ein Isomorphismus ist. Zum Beweis verwendet man noch folgende rein topologische Aussage:

<u>Hilfssatz.</u> Seien Y_1, Y_2, S lokalkompakte topologische Räume mit abzählbarer Topologie und

$$\begin{array}{ccc} Y_1 & \xrightarrow{\quad f \quad} & Y_2 \\ & {}_{\pi_1}\searrow \quad \swarrow_{\pi_2} & \\ & S & \end{array}$$

ein kommutatives Diagramm stetiger Abbildungen. Die Abbildung f sei lokal topologisch und für ein $s_o \in S$ sei $f|\pi_1^{-1}\{s_o\}$ injektiv. Dann gibt es eine offene Umgebung U von $\pi_1^{-1}\{s_o\}$ in Y_1, so daß $f|U$ injektiv ist.

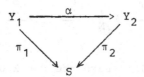

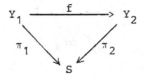

§ 3. Lokale Einbettung von Deformationen.

3.1. Für den ganzen Paragraphen sei X ein abgeschlossener analytischer Unterraum einer Steinschen offenen Menge $D \subset \mathbb{C}^N$ und

$$0 \longleftarrow \mathcal{O}_X \longleftarrow \mathcal{O}_{\mathbb{C}^N} \xleftarrow{p_1^o} \mathcal{O}_{\mathbb{C}^N}^{\ell_1} \xleftarrow{p_2^o} \dots \xleftarrow{p_N^o} \mathcal{O}_{\mathbb{C}^N}^{\ell_N} \longleftarrow 0$$

eine freie Auflösung der Strukturgarbe von X über D.

Weiter sei ein komplexer Raumkeim (S,s_o) vorgegeben.

3.2. Sei $\pi: Y \longrightarrow S$ eine Familie komplexer Räume mit zentraler Faser X. Dann gibt es eine Einbettung $j: Y \longrightarrow D \times S$, so daß das Diagramm

$$\begin{array}{ccc} Y & \xrightarrow{\quad j \quad} & D \times S \\ & {\scriptstyle\pi}\searrow \quad \swarrow{\scriptstyle pr_S} & \\ & S & \end{array}$$

kommutiert und die Beschränkung von j auf die zentrale Faser $j(0): X \longrightarrow D \times \{s_o\}$ mit der Zusammensetzung der Inklusionen $X \hookrightarrow D \hookrightarrow D \times \{s_o\}$ übereinstimmt. Dies beweist man so: Seien $\phi_1,\dots,\phi_N$ die Beschränkungen der kanonischen Koordinatenfunktionen des $\mathbb{C}^N$ auf X. Nach einem Satz von Siu [25] besitzt Y einen Steinschen Repräsentanten (für den Fall, daß S artinsch ist, ist dies trivial). Deshalb lassen sich die ϕ_j zu holomorphen Funktionen Φ_j auf Y fortsetzen. Nun definiere man

$$j := (\Phi_1,\dots,\Phi_N;\pi) : Y \longrightarrow D \times S.$$

Nach (2.6a) ist j eine Einbettung.

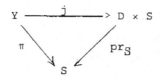

<u>3.3. Satz.</u> Sei $Y \subset D \times S$ ein analytischer Unterraum mit $Y \cap (D \times \{s_o\}) = X \times \{s_o\}$. Dann sind folgende Aussagen äquivalent:

i) Y liegt platt über S.

ii) Es gibt über D eine $\mathcal{O}_{\mathbb{C}^N \times S}$-Modulsequenz

$$0 \longleftarrow \mathcal{O}_Y \longleftarrow \mathcal{O}_{\mathbb{C}^N \times S} \xleftarrow{P_1} \mathcal{O}^{\ell_1}_{\mathbb{C}^N \times S} \xleftarrow{P_2} \mathcal{O}^{\ell_2}_{\mathbb{C}^N \times S}$$

mit $P_j(0) = P_j^o$, $j = 1,2$, so daß

$$\operatorname{Coker} P_1 = \mathcal{O}_Y \text{ und } P_1 P_2 = 0.$$

(Dabei bezeichnet $P_j(0)$ die Beschränkung von P_j auf $D \times \{s_o\} \cong D$.)

<u>Zusatz.</u> Unter der Voraussetzung von (i) läßt sich jede $\mathcal{O}_{\mathbb{C}^N \times S}$-Modulsequenz, die den Bedingungen von (ii) genügt, zu einem $\mathcal{O}_{\mathbb{C}^N \times S}$-Modulkomplex

$$0 \longleftarrow \mathcal{O}_Y \longleftarrow \mathcal{O}_{\mathbb{C}^N \times S} \xleftarrow{P_1} \mathcal{O}^{\ell_1}_{\mathbb{C}^N \times S} \longleftarrow \dots \xleftarrow{P_N} \mathcal{O}^{\ell_N}_{\mathbb{C}^N \times S} \longleftarrow 0$$

mit $P_j(0) = P_j^o$, $j = 1,\dots,N$, fortsetzen. Dieser Komplex ist sogar exakt.

<u>Beweis.</u> Die Implikation (ii) $\Longrightarrow$ (i) folgt aus dem Relationenkriterium (2.3), da $\mathcal{O}_{\mathbb{C}^N \times S}$ platt über $\mathcal{O}_S$ ist (vgl. [5]).

<u>(i) $\Longrightarrow$ (ii).</u> Aus Theorem B folgt die Existenz eines Morphismus $P_1 : \mathcal{O}^{\ell_1}_{\mathbb{C}^N \times S} \longrightarrow \mathcal{O}_{\mathbb{C}^N \times S}$ mit $P_1(0) = P_1^o$, so daß

$$0 \longleftarrow \mathcal{O}_Y \longleftarrow \mathcal{O}_{\mathbb{C}^N \times S} \xleftarrow{P_1} \mathcal{O}^{\ell_1}_{\mathbb{C}^N \times S}$$

ein Komplex ist. Nach dem Exaktheitskriterium (2.5) ist dieser Komplex sogar exakt. Aus dem Relationenkriterium wiederum folgt, daß man den Komplex durch Morphismen $P_2,\dots,P_N$ mit $P_j(0) = P_j^o$ fortsetzen kann. Erneute Anwendung von (2.5) ergibt die Exaktheit.

3.4. Mehrdeutigkeit der Auflösung. Sei $Y \subset D \times S$ eine Deformation von $X \subset D$, (d.h. $Y \cap (D\times\{s_o\}) = X \times \{s_o\}$ und Y liegt platt über S). Es seien $P = (P_1,\dots,P_N)$ und $\widetilde{\mathbf{P}} = (\widetilde{P}_1,\dots,\widetilde{P}_N)$ zwei Auflösungen von $\mathcal{O}_Y$ mit $P(0) = \widetilde{P}(0) = P^o$ wie im Zusatz zu Satz (3.3). Aus dem Relationenkriterium (2.3) folgt, daß es $\mathcal{O}_{\mathbb{C}^N\times S}$ -Modulmorphismen

$$T_j\colon \mathcal{O}^{\ell_j}_{\mathbb{C}^N\times S} \longrightarrow \mathcal{O}^{\ell_j}_{\mathbb{C}^N\times S}\ , \ j = 1,\dots,N,$$

mit $T_j(0) = 1$ gibt, so daß das Diagramm

$$\begin{array}{ccccccccc}
\mathcal{O}_{\mathbb{C}^N\times S} & \xleftarrow{P_1} & \mathcal{O}^{\ell_1}_{\mathbb{C}^N\times S} & \longleftarrow \cdots \longleftarrow & \mathcal{O}^{\ell_{N-1}}_{\mathbb{C}^N\times S} & \xleftarrow{P_N} & \mathcal{O}^{\ell_N}_{\mathbb{C}^N\times S} & \longleftarrow & 0\\
\downarrow 1 & & \downarrow T_1 & & \downarrow T_{N-1} & & \downarrow T_N & & \\
\mathcal{O}_{\mathbb{C}^N\times S} & \xleftarrow{\widetilde{P}_1} & \mathcal{O}^{\ell_1}_{\mathbb{C}^N\times S} & \longleftarrow \cdots \longleftarrow & \mathcal{O}^{\ell_{N-1}}_{\mathbb{C}^N\times S} & \xleftarrow{\widetilde{P}_N} & \mathcal{O}^{\ell_N}_{\mathbb{C}^N\times S} & \longleftarrow & 0
\end{array}$$

kommutiert, d.h. $T_{j-1}P_j = \widetilde{P}_jT_j$ für $j = 1,\dots,N$, wobei $T_o = 1$ gesetzt wird. Für dieses Gleichungssystem schreiben wir abkürzend

$$T[-1]P = \widetilde{P}T.$$

3.5. Mehrdeutigkeit der Einbettung. Unter einem vertikalen Automorphismus von $D \times S$ verstehen wir einen Morphismus $g\colon D \times S \longrightarrow D \times S$, der mit der Projektion auf S verträglich ist und die Bedingung $g(0) = \mathrm{id}_D$ erfüllt, vgl. [8], § 2.2.

(Dabei ist $g(0)$ die Beschränkung von g auf $D \times \{s_o\} \cong D$.)

Seien nun Y, $\tilde{Y} \subset D \times S$ zwei Deformationen von X, die isomorph sind. Dann folgt aus Theorem B, daß es einen vertikalen Automorphismus g von $D \times S$ gibt, der Y in $\tilde{Y}$ transformiert. Ist $\tilde{P} = (\tilde{P}_1, \ldots, \tilde{P}_N)$ eine Auflösung von $\mathcal{O}_{\tilde{Y}}$ wie oben, so ist der Rücktransport $P := \tilde{P}(g)$ eine Auflösung von $\mathcal{O}_Y$.

§ 4. Die Garbe der Pseudodeformationen

4.1. Für den ganzen Paragraphen legen wir folgende Situation zugrunde:

Sei $D \subset \mathbb{C}^N$ eine Steinsche offene Menge, X ein abgeschlossener analytischer Unterraum von D und

$$\mathcal{O}_{\mathbb{C}^N} \xleftarrow{P_1^o} \mathcal{O}_{\mathbb{C}^N}^{\ell_1} \xleftarrow{P_2^o} \cdots \xleftarrow{P_N^o} \mathcal{O}_{\mathbb{C}^N}^{\ell_N} \longleftarrow 0,$$

$$\mathcal{O}_X = \mathcal{O}_{\mathbb{C}^N} / \mathrm{Im} P_1^o ,$$

eine Auflösung der Strukturgarbe von X.

Wir fassen die Schnitte von $\mathcal{O}_{\mathbb{C}^N}^{\ell_j}$ als Spaltenvektoren und die Abbildungen P_j^o als $\ell_{j-1} \times \ell_j$-Matrizen mit Koeffizienten aus $\Gamma(D, \mathcal{O}_{\mathbb{C}^N})$ auf (dabei ist $\ell_o = 1$ gesetzt).

Weiter sei B stets des Keim des $\mathbb{C}^m$ im Nullpunkt und $\mathbb{C}\{t_1,\ldots,t_m\}$ sein lokaler Ring.

Jeder $\mathcal{O}_{\mathbb{C}^N \times B}$-Modulmorphismus

$$\phi: \mathcal{O}_{\mathbb{C}^N \times B}^k \longrightarrow \mathcal{O}_{\mathbb{C}^N \times B}^\ell$$

über einer offenen Menge $U \subset \mathbb{C}^N$ wird gegeben durch eine $\ell \times k$-Matrix mit Koeffizienten aus $\Gamma(U, \mathcal{O}_{\mathbb{C}^N \times B})$, läßt sich also in eine Potenzreihe

$$\phi = \sum_{\nu \in \mathbb{N}^m} \phi_\nu t^\nu, \quad \phi_\nu \in M(\ell \times k, \Gamma(U, \mathcal{O}_{\mathbb{C}^N}))$$

entwickeln. Wir setzen $\phi(0) := \phi_o$.

<u>4.2. Definition.</u> Für eine offene Menge $U \subset D$ bezeichne $\mathcal{P}(U)$ die Menge aller N-tupel $P = (P_1,\ldots,P_N)$, wobei

$$P_j\colon \mathcal{O}^{\ell_j}_{\mathbb{C}^N\times B} \longrightarrow \mathcal{O}^{\ell_{j-1}}_{\mathbb{C}^N\times B}$$

ein $\mathcal{O}_{\mathbb{C}^N\times B}$-Modulmorphismus mit $P_j(0) = P_j^o$ ist $(j=1,\ldots,N)$.

Zusammen mit den natürlichen Beschränkungsmorphismen erhält man auf D die Garbe $\mathcal{P}$ der <u>Pseudodeformationen</u> von X. Sei S ein Unterkeim von B. Ein Element $P = (P_1,\ldots,P_N) \in \mathcal{P}(U)$ heißt <u>Komplex über</u> S, falls

$$P_{j-1}P_j \mid U \times S = 0 \quad \text{für } j = 2,\ldots,N.$$

<u>Bemerkung.</u> Nach Satz (3.3) definiert ein Komplex $P = (P_1,\ldots,P_N)$ über S eine exakte Sequenz

$$\mathcal{O}_{\mathbb{C}^N\times S} \xleftarrow{P_1} \mathcal{O}^{\ell_1}_{\mathbb{C}^N\times S} \longleftarrow \ldots \xleftarrow{P_N} \mathcal{O}^{\ell_N}_{\mathbb{C}^N\times S} \longleftarrow 0$$

und $\mathcal{O}_Y := \mathcal{O}_{\mathbb{C}^N\times S}/\mathrm{Im}P_1$ ist die Strukturgarbe einer in $U \times S$ eingebetteten Deformation Y von $X \cap U$.

Ist umgekehrt $U \subset D$ eine offene Steinsche Teilmenge, so kann jede Deformation von $X \cap U$ über S auf diese Weise durch einen Komplex $P \in \mathcal{P}(U)$ über S realisiert werden.

<u>4.3.</u> Wir bezeichnen mit $\mathcal{G}$ die Garbe der <u>vertikalen Automorphismen</u> von $\mathbb{C}^N\times B$. Für eine offene Menge $U \subset \mathbb{C}^N$ besteht also $\mathcal{G}(U)$ aus allen vertikalen Automorphismen $g\colon U \times B \longrightarrow U \times B$. Die Abbildung g hat die Gestalt $(z,t) \longmapsto (g(z,t),t)$, wobei

$$g(z,t) = z + \sum_{|\nu|\geq 1} g_\nu(z)t^\nu , \quad g_\nu \in \Gamma(U, \mathcal{O}_{\mathbb{C}^N})^N.$$

<u>4.4.</u> Wir führen nun einige für das folgende nützliche Bezeichnungen und Sprechweisen ein.

a) Ist U offen in D und $P = (P_1, \ldots, P_N) \in \Gamma(U, \mathfrak{P})$, so bezeichnen wir mit (P) die Idealgarbe $\operatorname{Im} P_1$ in $\mathcal{O}_{\mathbb{C}^N \times B}$.

b) Seien $P, P' \in \Gamma(U, \mathfrak{P})$ und $g \in \Gamma(U, \mathfrak{G})$. Ist dann $S \subset B$ ein Unterkeim, so bedeutet das Symbol

$$g\colon (P) \longrightarrow (P') \text{ über } S\ ,$$

daß P und P' Komplexe über S sind und daß gilt

$$(P) = (P'(g)) \text{ über } S.$$

Dies bedeutet, daß P und P' Deformationen Y bzw. Y' von $X \cap U$ über S definieren und g einen Isomorphismus von Y auf Y' liefert.

c) Seien $P, P', P'' \in \Gamma(U, \mathfrak{P})$ und $f, g, h \in \Gamma(U, \mathfrak{G})$. Ist $S \subset B$ ein Unterkeim, so nennen wir das Diagramm

$$\begin{array}{ccc} & & (P') \\ & \overset{f}{\nearrow} & \\ (P) & & \big\downarrow g \\ & \underset{h}{\searrow} & \\ & & (P'') \end{array}$$

<u>kommutativ über</u> S, falls gilt:

i) $f\colon (P) \longrightarrow (P')$, $g\colon (P') \longrightarrow (P'')$, $h\colon (P) \longrightarrow (P'')$ über S

ii) $g \circ f \equiv h \mod (P)$ über S.

Dies bedeutet folgendes: Seien $Y, Y', Y'' \subset U \times S$ die durch P, P', P'' definierten Deformationen von $X \cap U$ über S. Dann induzieren f,g,h ein kommutatives Diagramm von Isomorphismen

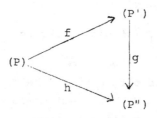

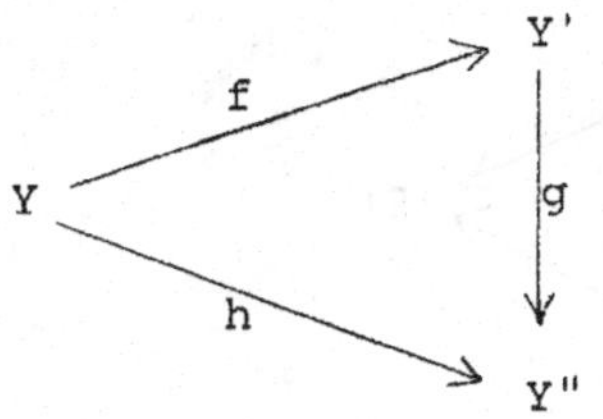

<u>4.5. Cozyklen.</u> a) Sei $\mathfrak{U} = (U_i)_{i\in I}$ eine endliche Familie offener Teilmengen von D. Dann setzen wir

$$C^1(\mathfrak{U};\mathfrak{P},\mathfrak{G}) := C^o(\mathfrak{U},\mathfrak{P}) \times C^1(\mathfrak{U},\mathfrak{G}).$$

b) Sei $(P,g) = (P_i,g_{ij}) \in C^1(\mathfrak{U};\mathfrak{P},\mathfrak{G})$ und $S \subset B$ ein Unterkeim. Wir nennen (P,g) einen <u>Cozyklus über</u> S, wenn für alle $i,j,k \in I$ auf $U_i \cap U_j \cap U_k$ das Diagramm

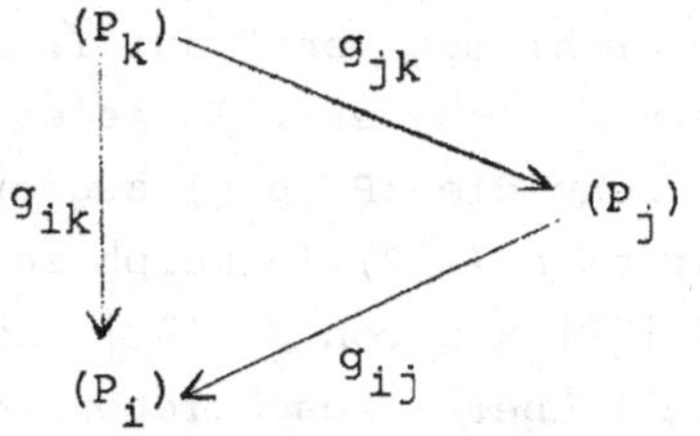

über S kommutiert. Insbesondere gilt dann

$$g_{ij}\circ g_{jk} \equiv g_{ik} \mod(P_k) \text{ über } S.$$

c) Sei $(P,g) = (P_j,g_{ij}) \in C^1(\mathfrak{U};\mathfrak{P},\mathfrak{G})$ ein Cozyklus über S. Wir sagen, (P,g) <u>zerfalle über</u> S in

$$(\Pi,h) = (\Pi,h_i) \in \Gamma(|\mathfrak{U}|,\mathfrak{P}) \times C^o(\mathfrak{U},\mathfrak{G}),$$

wenn für alle $i,j \in I$ auf $U_i \cap U_j$ das Diagramm

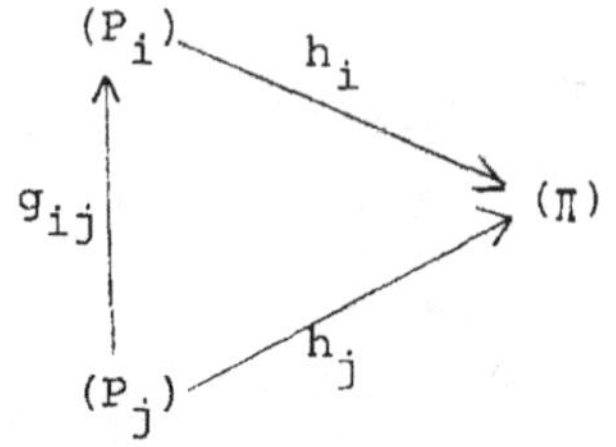

über S kommutiert.

<u>Bemerkung.</u> Sei $(P_i, g_{ij}) \in C^1(\mathfrak{U}; \mathfrak{P}, \mathfrak{G})$ ein Cozyklus über S. Es bezeichne $Y_i \subset U_i \times S$ die durch P_i definierte Deformation von $X \cap U_i$ über S. Die Cozyklenbedingung besagt, daß die Abbildungen g_{ij} die Deformationen Y_i zu einer Deformation Y von $X \cap |\mathfrak{U}|$ verkleben. Man beachte, daß Y nicht in $|\mathfrak{U}| \times S$ eingebettet ist.

Zerfällt jedoch der Cozyklus (P_i, g_{ij}) in (Π, h_i), so definiert Π eine Deformation $\tilde{Y} \subset |\mathfrak{U}| \times S$ von $X \cap |\mathfrak{U}|$ und die Familie der h_i liefert einen Isomorphismus von Y auf $\tilde{Y}$.

Sind alle U_i und $|\mathfrak{U}|$ Steinsch, so zerfällt jeder Cozyklus $(P_i, g_{ij}) \in C^1(\mathfrak{U}; \mathfrak{P}, \mathfrak{G})$. Denn die (P_i, g_{ij}) zugeordnete abstrakte Deformation Y ist nach (3.2) isomorph zu einer eingebetteten Deformation $\tilde{Y} \subset |\mathfrak{U}| \times S$ von $X \cap |\mathfrak{U}|$ und $\tilde{Y}$ kann durch einen Komplex $\Pi \in \Gamma(|\mathfrak{U}|, \mathfrak{P})$ über S beschrieben werden. Der Isomorphismus $Y \longrightarrow \tilde{Y}$ wird realisiert durch eine Familie vertikaler Automorphismen $(h_i) \in C^0(\mathfrak{U}, \mathfrak{G})$.

§ 5. Einspannung von Deformationen

Zur Konstruktion von Deformationen eines kompakten komplexen Raumes müssen wir diesen lokal in Polyzylinder einbetten. Diese Einbettungen müssen in besonderer Weise miteinander verheftet werden. Wir gelangen so zum Begriff der Einspannung. Dieser Begriff wurde in ähnlicher Form zuerst von Grauert [14] unter dem Namen Aufbereitung eingeführt.

<u>5.1. Definition</u> (geometrische Einspannung).

Sei X ein kompakter komplexer Raum. Eine geometrische Einspannung

$$(X_i, \Phi_i, D_i, D_{ij}, u_{ij})_{i,j \in I}$$

von X besteht aus folgenden Daten:

i) Einer endlichen offenen Steinschen Überdeckung $(X_i)_{i \in I}$ von X,

ii) offenen Quadern $D_i \subset \mathbb{C}^N$, (dabei ist N unabhängig von $i \in I$),

iii) abgeschlossenen Einbettungen $\Phi_i : X_i \longrightarrow D_i$,

iv) offenen Steinschen Teilmengen $D_{ij} \subset D_i$,

v) biholomorphen Abbildungen $u_{ij} : D_{ji} \longrightarrow D_{ij}$.

Diese Daten haben folgenden Bedingungen zu genügen:

a) $X_i \cap X_j = \Phi_i^{-1}(D_{ij})$ für alle $i,j \in I$.

b) Für alle $i,j \in I$ kommutiert das Diagramm

$$\begin{array}{ccc} & & D_{ij} \\ & \overset{\Phi_i}{\nearrow} & \Big\uparrow u_{ij} \\ X_i \cap X_j & & \\ & \underset{\Phi_j}{\searrow} & \\ & & D_{ji}. \end{array}$$

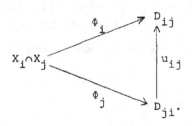

c) Für alle $i \in I$ gilt $D_{ii} = D_i$ und $u_{ii} = \mathrm{id}$.
d) Für alle $i,j \in I$ gilt $u_{ij} = u_{ij}^{-1}$.

5.2. Bemerkungen. a) Jeder kompakte komplexe Raum X besitzt eine geometrische Einspannung, wobei

$$N = \sup_{x \in X} \operatorname{emdim}_x X$$

gewählt werden kann. Zur Konstruktion benutzt man das Lebesguesche Lemma und den folgenden Hilfssatz.

Hilfssatz. Seien X_1 und X_2 lokal-analytische Unterräume des $\mathbb{C}^N$ und $\phi: X_1 \longrightarrow X_2$ ein Isomorphismus. Dann gibt es zu jedem Punkt $a \in X_1$ offene Umgebungen U_1 von a bzw. U_2 von $\phi(a)$ in $\mathbb{C}^N$ und einen Isomorphismus $u: U_1 \longrightarrow U_2$, der $\phi: X_1 \cap U_1 \longrightarrow X_2 \cap U_2$ induziert.

b) Man beachte, daß für eine geometrische Einspannung nicht notwendig $u_{ij} \circ u_{jk} = u_{ik}$ auf dem gemeinsamen Definitionsbereich dieser Abbildungen gilt.

5.3. Definition. Sei X ein kompakter komplexer Raum mit einer geometrischen Einspannung $\mathfrak{X} = (X_i, \Phi_i, D_i, D_{ij}, u_{ij})$. Unter einer $\mathfrak{X}$ adaptierten Überdeckung von X verstehen wir eine Familie $\mathfrak{U} = (U_i, E_i)$ mit folgenden Eigenschaften:

a) (U_i) ist eine offene Steinsche Überdeckung von X

b) $E_i \subset\subset D_i$ ist ein offener Quader mit $U_i = \Phi_i^{-1}(E_i)$.

Sind $\mathfrak{U} = (U_i, E_i)$ und $\mathfrak{V} = (V_i, F_i)$ adaptierte Überdeckungen von X, so schreiben wir $\mathfrak{V} \ll \mathfrak{U}$, falls $F_i \subset\subset E_i$ für alle i.

Bemerkung. Sei $\mathfrak{U} = (U_i, E_i)$ eine $\mathfrak{X}$ adaptierte Überdeckung. Dann setzen wir

$$E_{ij} := u_{ij}(D_{ji} \cap E_j) \cap E_i .$$

Die Steinsche offene Menge E_{ij} wird durch u_{ji} biholomorph auf E_{ji} abgebildet und

$$(U_i, \Phi_i | U_i, E_i, E_{ij}, u_{ij} | E_{ij})$$

ist wieder eine geometrische Einspannung von X.

<u>5.4. Definition.</u> Sei X ein kompakter komplexer Raum. Unter einer <u>analytischen Einspannung</u> von X verstehen wir eine Familie

$$(X_i, \Phi_i, D_i, D_{ij}, u_{ij}, P_i^o, M_{ij}^o, C_{ijk}^o)_{i,j,k \in I}$$

mit folgenden Eigenschaften:

a) $(X_i, \Phi_i, D_i, D_{ij}, u_{ij})_{i,j \in I}$ ist eine geometrische Einspannung von X.

b) P_i^o ist eine exakte Sequenz

$$\mathcal{O}_{\mathbb{C}^N} \xleftarrow{P_{i,1}^o} \mathcal{O}_{\mathbb{C}^N}^{\ell_1} \xleftarrow{P_{i,2}^o} \cdots \xleftarrow{P_{i,N}^o} \mathcal{O}_{\mathbb{C}^N}^{\ell_N} \longleftarrow 0$$

über dem Quader $D_i \subset \mathbb{C}^N$ mit

$$\Phi_{i*}\mathcal{O}_X = \mathcal{O}_{\mathbb{C}^N}/\mathrm{Im}P_{i,1}^o.$$

Dabei ist $(\ell_1, \ldots, \ell_N)$ unabhängig von $i \in I$.

c) M_{ij}^o ist auf $D_{ij} \subset D_i$ ein Komplexisomorphismus

$$\begin{array}{ccccccccc}
\mathcal{O}_{\mathbb{C}^N} & \xleftarrow{P_{j,1}^o(u_{ji})} & \mathcal{O}_{\mathbb{C}^N}^{\ell_1} & \xleftarrow{P_{j,2}^o(u_{ji})} & \cdots & \xleftarrow{P_{j,N}(u_{ji})} & \mathcal{O}_{\mathbb{C}^N}^{\ell_N} & \longleftarrow & 0 \\
\downarrow{\scriptstyle 1} & & \downarrow{\scriptstyle M_{ij,1}^o} & & & & \downarrow{\scriptstyle M_{ij,N}^o} & & \\
\mathcal{O}_{\mathbb{C}^N} & \xleftarrow{P_{i,1}^o} & \mathcal{O}_{\mathbb{C}^N}^{\ell_1} & \xleftarrow{P_{i,2}^o} & \cdots & \xleftarrow{P_{i,N}^o} & \mathcal{O}_{\mathbb{C}^N}^{\ell_N} & \longleftarrow & 0
\end{array}$$

und es gilt $M_{ii}^o = 1$.

d) C^o_{ijk} ist eine $\ell_1 \times N$-Matrix mit Koeffizienten aus $\Gamma(D_{ijk}, \mathcal{O}_{\mathbb{C}^N})$, so daß

$$u_{kj} \circ u_{ji} - u_{ki} = P^o_{i,1} C^o_{ijk}.$$

Dabei ist $D_{ijk} := D_{ik} \cap u_{ij}(D_{ji} \cap D_{jk}) \subset D_i$ der gemeinsame Definitionsbereich der Abbildungen u_{ki} und $u_{kj} \circ u_{ji}$.

<u>5.5. Satz.</u> Jeder kompakte komplexe Raum X besitzt eine analytische Einspannung.

<u>Beweis.</u> Wir wählen zunächst eine geometrische Einspannung $(X_i, \Phi_i, D_i, D_{ij}, u_{ij})$ von X. Nach einer evtl. Schrumpfung können wir annehmen, daß es über D_i exakte Sequenzen

$$\mathcal{O}_{\mathbb{C}^N} \xleftarrow{P^*_{i,1}} \mathcal{O}^{\ell_{i,1}}_{\mathbb{C}^N} \xleftarrow{P^*_{i,2}} \cdots \xleftarrow{P^*_{i,N}} \mathcal{O}^{\ell_{i,N}}_{\mathbb{C}^N} \longleftarrow 0$$

mit

$$\Phi_{i*} \mathcal{O}_X = \mathcal{O}_{\mathbb{C}^N} / \operatorname{Im} P^*_{i,1}$$

gibt. Da P^*_i und $P^*_j(u_{ji})$ auf D_{ij} beides Auflösungen derselben Garbe $\Phi_{i*} \mathcal{O}_X$ sind, gibt es einen Komplexmorphismus

$$M^*_{ij} = (1, M^*_{ij,1}, \ldots, M^*_{ij,N}) : P^*_j(u_{ji}) \longrightarrow P^*_i.$$

Durch wiederholte Anwendung des anschließend formulierten Kunstgriffs von Cartan [2] , des Hilbertschen Syzygiensatzes sowie der Tatsache, daß jeder lokalfreie $\mathcal{O}_{\mathbb{C}^N}$-Modul über einem Quader frei ist, können nun die Bedingungen (b) und (c) erfüllt werden. Da $u_{ki} \circ \Phi_i$ und $u_{kj} \circ u_{ji} \circ \Phi_i$ auf $X_i \cap X_j \cap X_k$ übereinstimmen, gibt es eine Matrix C^o_{ijk}, die (d) erfüllt.

Hilfssatz (Cartan). Gegeben seien Moduln E_i, $i \in I$, und F sowie Morphismen

$$\psi_i: E_i \longrightarrow F \text{ und } \mu_{ij}: E_j \longrightarrow E_i$$

mit $\phi_i \mu_{ij} = \phi_j$ für alle $i \neq j$.

Sei $E := \prod E_i$. Wir definieren Morphismen

$$\Psi_i: E \longrightarrow F \text{ und } M_{ij}: E \longrightarrow E$$

durch

$$\Psi_i(x) = \psi_i(x_i) \text{ für } x = (x_i)_{i \in I}$$

und

$$M_{ij}(x) = (x'_k)_{k \in I}$$

wobei

$$x'_k = x_k \quad \text{für } k \neq i,j,$$
$$x'_i = x_i - \mu_{ij}\,\mu_{ji}(x_i) + \mu_{ij}(x_j),$$
$$x'_j = x_j - \mu_{ji}(x_i).$$

Dann sind die M_{ij} Isomorphismen und es gilt $\Psi_i M_{ij} = \Psi_j$ für alle $i \neq j$.

5.6. Von nun an sei ein kompakter komplexer Raum X mit einer analytischen Einspannung

$$\mathfrak{X} = (X_i, \Phi_i, D_i, D_{ij}, u_{ij}, P_i^o, M_{ij}^o, C_{ijk}^o)_{i,j,k \in I}$$

zugrunde gelegt. Ist $\mathfrak{U} = (U_i, E_i)$ eine adaptierte Überdeckung, so sei stets

$$E_{ij} := u_{ij}(D_{ji} \cap E_j) \cap E_i,$$

$$E_{ijk} := E_{ik} \cap u_{ij}(E_{ji} \cap E_{jk}).$$

Weiter führen wir folgende Bezeichnungen ein:

a) Für jedes $i \in I$ sei $\mathfrak{P}_i$ die wie in (4.2) definierte Garbe bzgl. der exakten Sequenz P_i^o auf dem Quader $D_i \subset \mathbb{C}^N$.
b) Für eine adaptierte Überdeckung $\mathfrak{U} = (U_i, E_i)$ setzen wir

$$C^o(\mathfrak{U}, \mathfrak{P}) := \prod_i \Gamma(E_i, \mathfrak{P}_i),$$

$$C^o(\mathfrak{U}, \mathfrak{G}) := \prod_i \Gamma(E_i, \mathfrak{G}),$$

$$C^1(\mathfrak{U}, \mathfrak{G}) := \prod_{i,j} \Gamma(E_{ij}, \mathfrak{G}),$$

$$C^1(\mathfrak{U}; \mathfrak{P}, \mathfrak{G}) := C^o(\mathfrak{U}, \mathfrak{P}) \times C^1(\mathfrak{U}, \mathfrak{G}).$$

<u>5.7. Definition.</u> Sei $(P_i, g_{ij}) \in C^1(\mathfrak{U}; \mathfrak{P}, \mathfrak{G})$ und $S \subset B$ ein Unterkeim. (P_i, g_{ij}) heißt <u>Cozyklus über</u> S, falls gilt:

i) Für alle $i,j \in I$ gilt auf E_{ij}

$$g_{ji}u_{ji}: (P_i) \longrightarrow (P_j) \text{ über } S,$$

d.h. jedes P_i ist auf E_i ein Komplex über S und es gilt auf E_{ij}

$$\mathrm{Im}P_{i,1} = \mathrm{Im}P_{j,1}(g_{ji}u_{ji}) \text{ über } S.$$

ii) Für alle $i,j,k \in I$ gilt auf E_{ijk}

$$(g_{kj}u_{kj})(g_{ji}u_{ji}) \equiv g_{ki}u_{ki} \mod (P_i) \text{ über } S.$$

5.8. Geometrische Interpretation eines Cozyklus (P_i, g_{ij}) über S. Jedes P_i definiert eine Deformation $Y_i \subset E_i \times S$ von U_i über S.

$$Y_{ij} := Y_i \cap (E_{ij} \times S)$$

ist dann eine Deformation von $U_i \cap U_j$; dasselbe gilt für Y_{ji}. Die Bedingung (i) bedeutet, daß $g_{ji}u_{ji}$ einen Isomorphismus

$$Y_i \supset Y_{ij} \xrightarrow[\sim]{g_{ji}u_{ji}} Y_{ji} \subset Y_j$$

induziert. Wegen (ii) erfüllen diese Isomorphismen über den dreifachen Durchschnitten die Verklebebedingung, die Y_i lassen sich also zu einer Deformation Y von X über S verkleben.

Bemerkung. Umgekehrt gibt es zu jeder Deformation Y von X über einen Unterkeim $S \subset B$ einen Cozyklus $(P_i, g_{ij}) \in C^1(\mathfrak{U}; \mathfrak{P}, \mathfrak{G})$, der im obigen Sinn Y repräsentiert. Die P_i erhält man aus (3.3), die Existenz der g_{ij} ergibt sich aus Theorem B.

5.9. Definition. Seien $(P_i, g_{ij}), (\Pi_i, G_{ij}) \in C^1(\mathfrak{U}; \mathfrak{P}, \mathfrak{G})$ Cozyklen über dem Unterkeim $S \subset B$ und $(h_i) \in C^0(\mathfrak{U}; \mathfrak{G})$. Dann heißt (P_i, g_{ij}) über S cohomolog zu (Π_i, G_{ij}) vermöge (h_i), in Zeichen

$$(h_i): (P_i, g_{ij}) \longrightarrow (\Pi_i, G_{ij}) \text{ über } S,$$

falls gilt:

i) Für alle $i \in I$ gilt auf E_i

$$h_i: (P_i) \longrightarrow (\Pi_i) \text{ über } S.$$

ii) Für alle $i,j \in I$ ist auf E_{ij} das Diagramm

$$\begin{array}{ccc}
(P_i) & \xrightarrow{\quad h_i \quad} & (\Pi_i) \\
{\scriptstyle g_{ji}u_{ji}} \downarrow & & \downarrow {\scriptstyle G_{ji}u_{ji}} \\
(P_j) & \xrightarrow[\quad h_j \quad]{} & (\Pi_j)
\end{array}$$

über S kommutativ, d.h.

$$G_{ji}u_{ji}h_i \equiv h_j g_{ji}u_{ji} \quad \text{mod } (P_i) \text{ über } S.$$

<u>5.10. Geometrische Interpretation</u> der Cohomologie. Seien Y und Y' die den Cozyklen (P_i, g_{ij}) bzw. (Π_i, G_{ij}) gemäß (5.8) zugeordneten Deformationen von X über S. Dann bedeutet

$$(h_i) : (P_i, g_{ij}) \longrightarrow (\Pi_i, G_{ij}) \text{ über } S,$$

daß die Familie (h_i) einen Isomorphismus $h: Y \longrightarrow Y'$ über S induziert.

<u>Bemerkung.</u> Umgekehrt gilt: Definieren zwei Cozyklen (P,g), (Π,G) isomorphe Deformationen, so sind sie cohomolog.

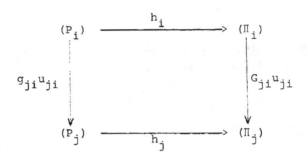

§ 6. Der Extensionskomplex

In diesem Paragraphen entwickeln wir mit Hilfe der in (5.4) definierten analytischen Einspannung des kompakten komplexen Raumes X eine Cohomologietheorie für die infinitesimalen Deformationen von X.

6.1. Definition. a) Das Cotangentialsystem von X bzgl. der analytischen Einspannung (5.4) besteht aus folgenden Daten:

1) Auf D_i definierten $\mathcal{O}_X$-Modulkomplexen

$$\mathcal{O}_X^N \xleftarrow{\frac{\partial P^o_{i,1}}{\partial z}} \mathcal{O}_X^{\ell_1} \xleftarrow{P^o_{i,2}} \mathcal{O}_X^{\ell_2} \longleftarrow \cdots \xleftarrow{P^o_{i,N}} \mathcal{O}_X^{\ell_N} \longleftarrow 0.$$

Dabei haben wir $\mathcal{O}_X$ mit $\Phi_{i*}\mathcal{O}_X$ identifiziert.

2) Auf D_{ji} definierten Komplexmorphismen

$$\begin{array}{ccccccccc}
\mathcal{O}_X^N & \xleftarrow{\frac{\partial P^o_{i,1}}{\partial z}(u_{ij})} & \mathcal{O}_X^{\ell_1} & \xleftarrow{P^o_{i,2}(u_{ij})} & \mathcal{O}_X^{\ell_2} & \longleftarrow \cdots \longleftarrow & \mathcal{O}_X^{\ell_N} & \xleftarrow{P_{i,N}(u_{ij})} \cdots & \\
\downarrow \frac{\partial u_{ij}}{\partial z} & & \downarrow M^o_{ji,1} & & \downarrow M^o_{ji,2} & & \downarrow M^o_{ji,N} & & \\
\mathcal{O}_X^N & \xleftarrow{\frac{\partial P^o_{j,1}}{\partial z}} & \mathcal{O}_X^{\ell_1} & \xleftarrow{P^o_{j,2}} & \mathcal{O}_X^{\ell_2} & \longleftarrow \cdots & \xleftarrow{P^o_{j,N}} & \mathcal{O}_X^{\ell_N} \longleftarrow 0 &
\end{array}$$

b) Das Tangentialsystem von X entsteht aus dem Cotangentialsystem durch Anwenden des Funktors $\mathrm{Hom}_{\mathcal{O}_X}(-,\mathcal{O}_X)$ auf die in (a) genannten $\mathcal{O}_X$-Modulkomplexe und Morphismen.

6.2. Bezeichnungen. Im Cotangentialsystem fassen wir die Schnitte der Garben $\mathcal{O}_X^{\ell}$ als Spaltenvektoren und im Tangentialsystem die Schnitte der Garben

$$\check{\mathcal{O}}_X^{\ell} := \mathrm{Hom}_{\mathcal{O}_X}(\mathcal{O}_X^{\ell}, \mathcal{O}_X) \cong \mathcal{O}_X^{\ell}$$

als Zeilenvektoren auf. Bei dieser Auffassung werden die Komplexe des Tangentialsystems

$$\check{\mathcal{O}}_X^{N} \xrightarrow{\frac{\partial P_{i,1}^{o}}{\partial z}} \check{\mathcal{O}}_X^{\ell_1} \xrightarrow{P_{i,2}^{o}} \check{\mathcal{O}}_X^{\ell_2} \longrightarrow \ldots \xrightarrow{P_{i,N}^{o}} \check{\mathcal{O}}_X^{\ell_N} \longrightarrow 0,$$

die wir auch kurz mit

$$\mathcal{O}_X^{N} \xrightarrow{\partial} \mathcal{O}_X^{\ell_1} \xrightarrow{\partial} \mathcal{O}_X^{\ell_2} \longrightarrow \ldots \xrightarrow{\partial} \mathcal{O}_X^{\ell_N} \longrightarrow 0$$

bezeichnen, durch dieselben Matrizen wie im Cotangentialsystem gegeben; nur werden jetzt Zeilenvektoren von rechts mit den Matrizen multipliziert.

6.3. Transformationsformeln im Tangentialsystem.

Seien $i,j \in I$ und

$$G_i \subset D_{ij} \subset D_i \quad , \quad G_j \subset D_{ji} \subset D_j$$

offene Teilmengen mit $u_{ji}(G_i) = G_j$. Dann definieren wir Kartentransformationen

$$\beta_j^i \colon \Gamma(G_i, \mathcal{O}_X^N) \longrightarrow \Gamma(G_j, \mathcal{O}_X^N)$$

bzw.

$$\beta^i_j: \Gamma(G_i, \overset{\ell}{\mathcal{O}}{}^n_X) \longrightarrow \Gamma(G_j, \overset{\ell}{\mathcal{O}}{}^n_X), \quad 1 \leq n \leq N,$$

auf folgende Weise: Für $\xi_i \in \Gamma(G_i, \mathcal{O}^N_X)$ bzw. $\zeta_i \in \Gamma(G_i, \overset{\ell}{\mathcal{O}}{}^n_X)$ setzen wir

$$\beta^i_j \xi_i := \xi_i(u_{ij}) \frac{\partial u_{ji}}{\partial z}(u_{ij}),$$

$$\beta^i_j \zeta_i := \zeta_i(u_{ij}) M^o_{ij,n}(u_{ij}).$$

Die Abbildungen β^i_j kommutieren mit den Ableitungen ∂ aus (6.2).

<u>6.4. Die Garbe</u> $\mathcal{E}x^o_X$. Die kohärenten Garben

$$\mathcal{E}x^o_{X_i} := \mathrm{Ker}(\mathcal{O}^N_X \xrightarrow{\frac{\partial P^o_{i,1}}{\partial z}} \overset{\ell}{\mathcal{O}}{}^1_X)$$

über X_i verkleben sich mittels der Kartentransformationen β^i_j zu einer globalen $\mathcal{O}_X$-Modulgarbe $\mathcal{E}x^o_X$. Diese Garbe ist in kanonischer Weise zur Garbe Θ_X der holomorphen Vektorfelder isomorph.

<u>6.5. Satz</u> (die Garbe $\mathcal{E}x^1_X$). Definiert man über X_i

$$\mathcal{E}x^1_{X_i} := (\mathrm{Ker}(\overset{\ell}{\mathcal{O}}{}^1_X \xrightarrow{\partial} \overset{\ell}{\mathcal{O}}{}^2_X)/\mathrm{Im}(\mathcal{O}^N_X \xrightarrow{\partial} \overset{\ell}{\mathcal{O}}{}^1_X),$$

so induzieren die Kartentransformationen β^i_j über $X_i \cap X_j$ Isomorphismen $\mathcal{E}x^1_{X_i} \longrightarrow \mathcal{E}x^1_{X_j}$, welche diese Garben zu einer globalen kohärenten $\mathcal{O}_X$-Modulgarbe $\mathcal{E}x^1_X$ verheften.

<u>Bemerkung.</u> $\mathcal{E}x^1_X$ ist nichts anderes als die Garbe der infinitesimalen Deformationen von X.

<u>Beweis.</u> Sei $p_1 = (O, \mathbb{C}[\varepsilon])$ der Doppelpunkt, U eine Steinsche offene Menge in X_i und G eine Steinsche offene Teilmenge von D_i mit $\Phi_i^{-1}(G) = U$. Wir konstruieren eine natürliche Abbildung

$$\alpha_i : \mathcal{E}x^1_{X_i}(U) \longrightarrow \mathrm{Def}(U, p_1)$$

wie folgt: Das Element $\xi \in \mathcal{E}x^1_{X_i}(U)$ werde repräsentiert durch $\pi \in \Gamma(G, \mathcal{O}^{\ell_1}_{\mathbb{C}^N})$ mit

$$\pi P^O_{i,2} \equiv O \mod (P^O_{i,1}).$$

Es gibt deshalb ein $\kappa \in \Gamma(G, \mathcal{O}^{\ell_2}_{\mathbb{C}^N})$ mit $\pi\, P^O_{i,2} = -\, P^O_{i,1}\,\kappa$. Die durch $P_{i,1} := P^O_{i,1} + \varepsilon\pi$ erzeugte Idealgarbe definiert einen Unterraum $Y \subset G \times p_1$. Mit $P_{i,2} := P^O_{i,2} + \varepsilon\kappa$ gilt

$$P_{i,1}\, P_{i,2} = P^O_{i,1}\, P^O_{i,2} + \varepsilon(\pi P^O_{i,2} + P^O_{i,1}\kappa) = O.$$

Wegen (3.3) folgt, daß Y platt über p_1 liegt, also eine Deformation von U über p_1 darstellt. Ihre Isomorphieklasse ist definitionsgemäß $\alpha_i(\xi)$. Man rechnet jetzt nach, daß α_i bijektiv ist. Falls $U \subset X_i \cap X_j$, ist das Diagramm

$$\begin{array}{ccc} \mathcal{E}x^1_{X_i}(U) & \xrightarrow{\beta^i_j} & \mathcal{E}x^1_{X_j}(U) \\ & \searrow^{\alpha_i} \quad {}^{\alpha_j}\swarrow & \\ & \mathrm{Def}(U, p_1) & \end{array}$$

kommutativ. Daraus folgt die Behauptung.

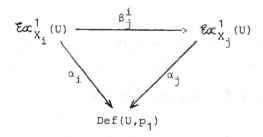

Bemerkung. Für $n \geq 2$ setzen sich die Garben

$$\mathcal{E}x^n_{X_i} := \mathrm{Ker}(\mathcal{O}_X^{\ell_n} \xrightarrow{\partial} \mathcal{O}_X^{\ell_{n+1}})/\mathrm{Im}(\mathcal{O}_X^{\ell_{n-1}} \xrightarrow{\partial} \mathcal{O}_X^{\ell_n})$$

vermöge der β^i_j im allgemeinen nicht zu einer globalen Garbe zusammen.
Nach Lichtenbaum-Schlessinger [22] kann man in invarianter Weise eine globale Garbe $\mathcal{T}^2_X$ auf X konstruieren. $\mathcal{T}^2_X|X_i$ läßt sich in natürlicher Weise als Untergarbe von $\mathcal{E}x^2_{X_i}$ auffassen. Die später von uns konstruierten Hinderniselemente in $\mathcal{E}x^2$ liegen tatsächlich bereits in $\mathcal{T}^2_X$. Für die Garben $\mathcal{T}^0_X$ und $\mathcal{T}^1_X$ von Lichtenbaum-Schlessinger gilt $\mathcal{T}^0_X = \Theta_X = \mathcal{E}x^0_X$ und $\mathcal{T}^1_X = \mathcal{E}x^1_X$.

6.6. Die Čechableitung im Tangentialsystem.

Sei $\mathfrak{U}$ eine adaptierte Überdeckung und ℓ eine der Zahlen $N, \ell_1, \ldots, \ell_N$. Wir definieren Abbildungen

$$\delta : C^q(\mathfrak{U}, \mathcal{O}_X^\ell) \longrightarrow C^{q+1}(\mathfrak{U}, \mathcal{O}_X^\ell) \quad , \quad q \in \mathbb{N},$$

wie folgt: Für $\zeta = (\zeta_{i_0 \ldots i_q}) \in C^q(\mathfrak{U}, \mathcal{O}_X^\ell)$ sei

$$(\delta\zeta)_{i_0 \ldots i_{q+1}} := \beta^{i_1}_{i_0} \zeta_{i_1 \ldots i_{q+1}} + \sum_{\kappa=1}^{q+1} (-1)^\kappa \zeta_{i_0 \ldots \hat{i}_\kappa \ldots i_{q+1}} ;$$

dabei ist $\beta^{i_1}_{i_0}$ die in (6.3) definierte Kartentransformation.

Vorsicht! Im allgemeinen gilt nicht $\delta\delta = 0$.

6.7. Hilfssatz. Sei $\mathfrak{U} = (U_i, E_i)_{i \in I}$ eine adaptierte Überdeckung von X. Seien $i,j,k \in I$ und $\xi_k \in \Gamma(U_k, \mathcal{O}_X^N)$. Dann gilt über $X_i \cap X_j \cap U_k$ die Gleichung

$$(\beta^j_i \beta^k_j - \beta^k_i)\xi_k = \xi_k(u_{ki}) \frac{\partial P^0_{k,1}}{\partial z}(u_{ki}) \, C^0_{kji}(u_{ki}).$$

Beweis. Nach Definition ist

$$(\beta_i^j\beta_j^k-\beta_i^k)\xi_k = \xi_k(u_{kj}u_{ji})\ \frac{\partial u_{jk}}{\partial z}\ (u_{kj}u_{ji})\ \frac{\partial u_{ij}}{\partial z}\ (u_{ji})$$

$$-\ \xi_k(u_{ki})\ \frac{\partial u_{ik}}{\partial z}\ (u_{ki}) = \xi_k(u_{ki})\left(\frac{\partial u_{jk}}{\partial z}\ \frac{\partial u_{ij}}{\partial z}\ (u_{jk}) - \frac{\partial u_{ik}}{\partial z}\right)(u_{ki}).$$

Wegen $u_{ij}u_{jk} = u_{ik} + P_k^o C_{kji}^o$ gilt

$$\frac{\partial u_{jk}}{\partial z}\ \frac{\partial u_{ij}}{\partial z}\ (u_{jk}) - \frac{\partial u_{ik}}{\partial z} = \frac{\partial P_{k,1}^o}{\partial z}\ C_{kji}^o \mod(P_{k,1}^o).$$

Daraus folgt die Behauptung.

6.8. Definition. Sei $\mathfrak{U}$ eine adaptierte Überdeckung von X. Wir definieren Homotopieoperatoren

$$h^{o1}: C^o(\mathfrak{U}, \mathcal{O}_X^{\ell 1}) \longrightarrow C^2(\mathfrak{U}, \mathcal{O}_X^N),$$
$$h^{11}: C^1(\mathfrak{U}, \mathcal{O}_X^{\ell 1}) \longrightarrow C^3(\mathfrak{U}, \mathcal{O}_X^N)$$

wie folgt:

a) Für $\eta = (\eta_k) \in C^o(\mathfrak{U}, \mathcal{O}_X^{\ell 1})$ sei

$$(h^{o1}\eta)_{ijk} := \eta_k(u_{ki})\ C_{kji}^o(u_{ki}).$$

b) Für $\eta = (\eta_{k\ell}) \in C^1(\mathfrak{U}, \mathcal{O}_X^{\ell 1})$ sei

$$(h^{11}\eta)_{ijk\ell} := \eta_{k\ell}(u_{ki})\ C_{kji}^o(u_{ki}).$$

6.9. Satz. Für die Homotopieoperatoren h^{o1} und h^{11} gelten die folgenden Formeln:

a) $\delta\delta\gamma = h^{01}\partial\gamma$ für alle $\gamma \in C^0(\mathfrak{U}, \mathcal{O}_X^N)$,

b) $\delta\delta\gamma = h^{11}\partial\gamma$ für alle $\gamma \in C^1(\mathfrak{U}, \mathcal{O}_X^N)$,

c) $\delta\delta\pi = \partial h^{01}\pi$ und $\delta h^{01}\pi = h^{11}\delta\pi$

für alle $\pi \in C^0(\mathfrak{U}, \mathcal{O}_X^{\ell_1})$ mit $\partial\pi = 0$.

__Beweis.__ a) Sei $\gamma = (\gamma_i) \in C^0(\mathfrak{U}, \mathcal{O}_X^N)$. Dann gilt

$$(\delta\delta\gamma)_{ijk} = \beta_i^j(\delta\gamma)_{jk} - (\delta\gamma)_{ik} + (\delta\gamma)_{ij}$$

$$= \beta_i^j(\beta_j^k\gamma_k - \gamma_j) - \beta_i^k\gamma_k + \gamma_i + \beta_i^j\gamma_j - \gamma_i$$

$$= (\beta_i^j\beta_j^k - \beta_i^k)\gamma_k.$$

Mit Hilfssatz (6.8) folgt nun

$$(\delta\delta\gamma)_{ijk} = (h^{01}\partial\gamma)_{ijk}.$$

b) wird genauso bewiesen, wie a).

c) Aus der Definition der Einspannungsdaten (5.4) folgt über D_{ijk} die Gleichung

$$(1)\quad P_{k,1}^0(u_{ki} + P_{i,1}^0 C_{ijk}^0) = P_{k,1}^0(u_{kj}u_{ji}) = P_{j,1}^0(u_{ji})M_{jk,1}^0(u_{ji})$$

$$= P_{i,1}^0 M_{ij,1}^0 M_{jk,1}^0(u_{ji}).$$

Taylorentwicklung liefert

$$(2)\quad P_{k,1}^0(u_{ki} + P_{i,1}^0 C_{ijk}^0) = P_{k,1}^0(u_{ki}) + P_{i,1}^0 C_{ijk}^0 \frac{\partial P_{k,1}^0}{\partial z}(u_{ki}) + P_{i,1}^0 R_{ijk},$$

wobei

$$R_{ijk} \equiv 0 \mod(P_{i,1}^0).$$

Wir definieren

$$Z_{ijk} := M_{ij,1}^0 M_{jk,1}^0(u_{ji}) - M_{ik,1}^0 - C_{ijk}^0 \frac{\partial P_{k,1}^0}{\partial z}(u_{ki}).$$

Aus (1) und (2) folgt zusammen mit $P^o_{k,1}(u_{ki}) = P^o_{i,1}M^o_{ik,1}$, daß

$$P^o_{i,1}(Z_{ijk}-R_{ijk}) = 0 \quad \text{auf } D_{ijk}.$$

Da $(P^o_{i,1}, P^o_{i,2})$ exakt ist, gibt es eine $\ell_2 \times \ell_1$-Matrix B_{ijk}, so daß

(3) $\quad Z_{ijk} \equiv P^o_{i,2}B_{ijk} \mod (P^o_{i,1}).$

Sei nun $\pi = (\pi_i) \in C^o(\mathfrak{U}, \mathcal{O}_X^{\ell_1})$ mit $\partial\pi = 0$. Eine einfache Rechnung zeigt:

$$(\delta\delta\pi)_{ijk} = \pi_k(u_{ki})(M^o_{kj,1}M^o_{ji,1}(u_{jk}) - M^o_{ki,1})(u_{ki}),$$

$$(\partial h^{o1}\pi)_{ijk} = \pi_k(u_{ki})C^o_{kji}(u_{ki}) \frac{\partial P^o_{i,1}}{\partial z},$$

also

$$(\delta\delta\pi - \partial h^{o1}\pi)_{ijk} \equiv \pi_k(u_{ki})Z_{kji}(u_{ki})$$

$$\equiv \pi_k(u_{ki})P^o_{k,2}(u_{ki})B_{kji}(u_{ki}) \equiv 0,$$

da $\pi_k P^o_{k,2} \equiv 0 \mod (P^o_{k,1})$ ist.

Zum Beweis der zweiten Gleichung $\delta h^{o1}\pi = h^{11}\delta\pi$ zeigt man zunächst, daß es auf

$$D_{ijk\ell} := u_{ij}(D_{ji} \cap u_{jk}(D_{kj} \cap D_{k\ell}))$$

eine $\ell_2 \times N$-Matrix $A_{ijk\ell}$ mit Werten in $\mathcal{O}_{\mathbb{C}^N}$ gibt, so daß folgende Gleichung gilt:

$$C^o_{ik\ell} + C^o_{ijk}\frac{\partial u_{\ell k}}{\partial z}(u_{ki}) - C^o_{ij\ell} - M^o_{ij,1}C^o_{jk\ell}(u_{ji})$$

$$\equiv P^o_{i,2}A_{ijk\ell} \mod (P^o_{i,1}).$$

Nun ist

$$(\delta h^{01}\pi - h^{11}\delta\pi)_{ijk\ell}$$

$$= \pi_\ell(u_{\ell i})\Big(C^o_{\ell ji} + C^o_{\ell kj}\,\frac{\partial u_{ij}}{\partial z}(u_{j\ell}) - C^o_{\ell ki} - M^o_{\ell k,1}C^o_{kji}(u_{k\ell})\Big)(u_{\ell i}).$$

Wie oben folgt daraus die Behauptung.

<u>6.10. Der Extensionskomplex.</u> Sei $\mathfrak{U} = (U_i, E_i)$ eine adaptierte Überdeckung von X. Wir betrachten das folgende Diagramm:

$$\begin{array}{ccccccc}
0 & & & & & & \\
\uparrow & & & & & & \\
C^2(\mathfrak{U},\mathcal{O}_X^N) & \longrightarrow & 0 & & & & \\
\uparrow{\scriptstyle\delta} & & \uparrow & & & & \\
C^1(\mathfrak{U},\mathcal{O}_X^N) & \xrightarrow{\partial} & C^1(\mathfrak{U},\mathcal{O}_X^{\ell_1}) & \longrightarrow & 0 & & \\
\uparrow{\scriptstyle\delta} & & \uparrow{\scriptstyle -\delta} & & \uparrow & & \\
C^o(\mathfrak{U},\mathcal{O}_X^N) & \xrightarrow{\partial} & C^o(\mathfrak{U},\mathcal{O}_X^{\ell_1}) & \xrightarrow{\partial} & C^o(\mathfrak{U},\mathcal{O}_X^{\ell_2}) & \longrightarrow & 0
\end{array}$$

(with a dotted arrow $-h^{01}$ from $C^o(\mathfrak{U},\mathcal{O}_X^{\ell_1})$ to $C^2(\mathfrak{U},\mathcal{O}_X^N)$)

Aus diesem Diagramm gewinnen wir den Extensionskomplex

$$E^\bullet:\ 0 \longrightarrow E^o(\mathfrak{U}) \xrightarrow{d^o} E^1(\mathfrak{U}) \xrightarrow{d^1} E^2(\mathfrak{U}) \longrightarrow 0$$

durch folgende Definitionen

$$E^o(\mathfrak{U}) := C^o(\mathfrak{U},\mathcal{O}_X^N),$$

$$E^1(\mathfrak{U}) := C^o(\mathfrak{U},\mathcal{O}_X^{\ell_1}) \oplus C^1(\mathfrak{U},\mathcal{O}_X^N),$$

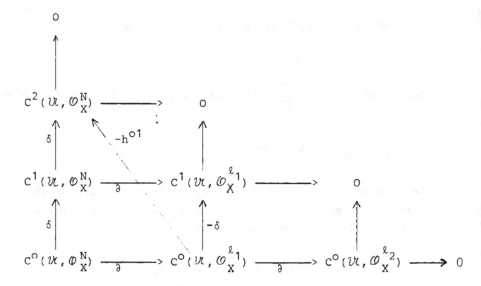

$$E^2(\mathfrak{U}) := C^o(\mathfrak{U},\mathcal{O}_X^{\ell_2}) \oplus C^1(\mathfrak{U},\mathcal{O}_X^{\ell_1}) \oplus C^2(\mathfrak{U},\mathcal{O}_X^N),$$

$$d^o\gamma := (\partial\gamma,\delta\gamma),$$

$$d^1(\pi,\gamma) := (\partial\pi,\partial\pi-\delta\pi,\delta\gamma-h^{o1}\pi).$$

Aufgrund von Satz (6.9) gilt $d^1d^o = 0$.

6.11. Filtration des Extensionskomplexes. Mit den Bezeichnungen von (6.10) setzen wir zur Abkürzung

$$C^{pq} := C^p(\mathfrak{U},\mathcal{O}_X^{\ell_q}) \text{ für } p + q \leq 2,\ (\ell_o = N),$$

$$C^{pq} := 0 \text{ für } p + q > 2.$$

Damit ist $E^i(\mathfrak{U}) = \sum_{p+q=i} C^{pq}$. Diesen Komplex filtrieren wir wie folgt

$$F^nE^\cdot(\mathfrak{U}) := \sum_{p\geq n} C^{pq}.$$

Aus dem so filtrierten Komplex entspringt eine Spektralsequenz, deren E_2-Terme wir im folgenden näher betrachten werden. Nach [11], p.77/78, gelten die Formeln

$$Z_r^p = \{x \in F^p\colon dx \in F^{p+r}\},\ Z_r^{pq} = Z_r^p \cap E^{p+q},$$

$$B_r^p = F^p \cap dF^{p-r},\ B_r^{pq} = B_r^p \cap E^{p+q},$$

$$E_r^{pq} = Z_r^{pq}/(B_{r-1}^{pq}+Z_{r-1}^{p+1,q-1}).$$

6.12. Satz. Für die oben definierte Spektralsequenz gelten die Beziehungen

a) $E_2^{oo} = H^o(E^\cdot) = H^o(X,\Theta_X)$,

b) $E_2^{1o} = H^1(X,\Theta_X)$,

c) $E_2^{o1} = H^o(X,\mathcal{E}x_X^1)$.

Weiter gibt es eine natürliche Inklusion

d) $H^2(X,\Theta_X) \hookrightarrow E_2^{2o}$.

<u>Beweis.</u> a) Es gilt

$$E_2^{oo} = Z_2^{oo} = Z_2^o \cap E^o = \{\gamma \in C^{oo}: d^o\gamma \in F^2\}$$

$$= \{\gamma \in C^{oo}: d^o\gamma = 0\} = \{\gamma \in C^{oo}: \partial\gamma = 0 \text{ und } \delta\gamma = 0\}$$

$$= Z^o(\mathfrak{U},\Theta_X) = H^o(X,\Theta_X).$$

b) Es ist $E_2^{1o} = Z_2^{1o}/B_1^{1o}$ und

$$Z_2^{1o} = Z_2^1 \cap E^1 = \{\gamma \in C^{1o}: d^1\gamma \in F^3\} = \{\gamma \in C^{1o}: d^1\gamma = 0\}$$

$$= \{\gamma \in C^{1o}: \partial\gamma = 0 \text{ und } \delta\gamma = 0\} = Z^1(\mathfrak{U},\Theta_X),$$

sowie

$$B_1^{1o} = F^1 \cap E^1 \cap dF^o = \{\gamma \in C^{1o}: \exists\eta \in C^{oo} \text{ mit } d^o\eta = (0,\gamma)\}$$

$$= \{\gamma \in C^{1o}: \exists\eta \in C^o(\mathfrak{U},\Theta_X) \text{ mit } \delta\eta = \gamma\} = B^1(\mathfrak{U},\Theta_X).$$

c) Es gilt $E_2^{o1} = Z_2^{o1}/(B_1^{o1}+Z_1^{1o})$. Nun ist

$$Z_2^{o1} = Z_2^o \cap E^1 = \{(\pi,\gamma) \in E^1: d^1(\pi,\gamma) \in F^2\}$$

$$= \{(\pi,\gamma) \in E^1: \partial\pi = 0 \text{ und } \partial\gamma = \delta\pi\},$$

$$Z_1^{1o} = Z_1^1 \cap E^1 = \{(0,\gamma) \in E^1: d^1\gamma \in F^2\}$$

$$= \{\gamma \in C^{1o}: \partial\gamma = 0\},$$

$$B_1^{o1} = E^1 \cap dF^{-1} = \{(\pi,\gamma) \in E^1: \exists\eta \in C^{oo} \text{ mit } d^o\eta = (\pi,\gamma)\}$$

$$= \{(\partial\eta,\delta\eta) \in E^1: \eta \in C^{oo}\}.$$

Setzt man andererseits

$$\widetilde{Z} := \{\pi \in C^{o1}: \partial\pi = 0 \text{ und } \exists\gamma \in C^{1o} \text{ mit } \delta\pi = \partial\gamma\},$$

$$\widetilde{B} := \{\pi \in C^{o1}: \exists\eta \in C^{oo} \text{ mit } \partial\eta = \pi\},$$

so gilt $H^o(X, \mathcal{E}x^1_X) = \widetilde{Z}/\widetilde{B}$. Die Abbildung

$$p: Z_2^{o1} \longrightarrow \widetilde{Z}, \quad (\pi,\gamma) \longmapsto \pi$$

ist surjektiv und es gilt

$$p^{-1}(\widetilde{B}) = B_1^{o1} + Z_1^{1o}.$$

Also folgt $E_2^{o1} = H^o(X, \mathcal{E}x^1_X)$.

d) Es ist $E_2^{2o} = Z_2^{2o}/B_1^{2o}$ und

$$Z_2^{2o} = Z_2^2 \cap E^2 = \{\gamma \in C^{2o}: d\gamma \subset F^4\} = C^{2o},$$

$$\begin{aligned} B_1^{2o} &= F^2 \cap E^2 \cap dF^1 \\ &= \{\gamma \in C^{2o}: \exists\sigma \in C^{1o} \text{ mit } d^1(0,\sigma) = (0,0,\gamma)\} \\ &= \{\gamma \in C^{2o}: \exists\sigma \in C^{1o} \text{ mit } \partial\sigma = 0 \text{ und } \delta\sigma = \gamma\} \\ &= \delta C^1(\mathfrak{U}, \Theta_X). \end{aligned}$$

Damit ergibt sich die Inklusion

$$Z^2(\mathfrak{U},\Theta_X)/B^2(\mathfrak{U},\Theta_X) \hookrightarrow C^{2o}/B^2(\mathfrak{U},\Theta_X) = E_2^{2o}.$$

<u>6.13. Satz.</u> Man hat eine kanonische exakte Sequenz

$$0 \longrightarrow H^1(X,\Theta_X) \longrightarrow H^1(E^\cdot) \longrightarrow H^o(X,\mathcal{E}x^1_X) \longrightarrow H^2(X,\Theta_X) \longrightarrow H^2(E^\cdot).$$

Beweis. Nach einem allgemeinen Satz über Spektralsequenzen ([11], Théorème I. 4.5.1) hat man eine exakte Sequenz

$$0 \longrightarrow E_2^{10} \longrightarrow H^1(E^\cdot) \longrightarrow E_2^{0,1} \longrightarrow E_2^{2,0} \longrightarrow H^2(E^\cdot).$$

Mit Satz (6.12) ergibt sich daraus die Behauptung, da die Abbildung

$$H^0(X, \mathcal{E}xt_X^1) = E_2^{0,1} \longrightarrow E_2^{2,0}$$

über $H^2(X, \Theta_X)$ faktorisiert.

6.14. Corollar. Der $\mathbb{C}$-Vektorraum $H^1(E^\cdot)$ hat endliche Dimension.

6.15. Satz. Es gibt eine kanonische Bijektion

$$H^1(E^\cdot) \longrightarrow \mathrm{Def}(X, p_1).$$

Beweis. Wir ordnen einem Cozyklus

$$(\pi, \gamma) = (\pi_i, \gamma_{ij}) \in Z^1(E^\cdot(\mathfrak{U}))$$

auf folgende Weise eine Deformation von X über dem Doppelpunkt $p_1 = (0, \mathbb{C}[\varepsilon])$ zu. Über $E_i \times p_1$ sei

$$P_{i1} := P_{i1}^0 + \varepsilon \pi_i.$$

Dann wird durch das von P_{i1} erzeugte Ideal ein Unterraum $Y_i \subset E_i \times p_1$ definiert, der wegen $\partial\pi = 0$ eine Deformation von U_1 darstellt. Jetzt ist

$$Y_{ij} := Y_i \cap (E_{ij} \times p_1)$$

eine Deformation von $U_i \cap U_j$. Über $E_{ij} \times p_1$ setzen wir

$$g_{ij} := \mathrm{id} + \varepsilon \gamma_{ij}.$$

Wegen der Beziehung $\partial\gamma = \delta\pi$ erhält man damit Isomorphismen

$$g_{ij}u_{ij}\colon Y_{ji} \longrightarrow Y_{ij}.$$

Die Relation $\delta\gamma = h^{01}\pi$ besagt nun gerade, daß die Verklebungsabbildungen $g_{ij}u_{ij}$ über den dreifachen Durchschnitten der Cozyklenrelation genügen. Also erhält man durch Verklebung der Y_i eine Deformation Y von X über p_1.
Eine etwas längliche Rechnung zeigt, daß die so beschriebene Zuordnung die gewünschte Bijektion liefert.

§ 7. Hindernistheorie

Wir entwickeln jetzt eine Hindernistheorie für die Fortsetzung von Deformationen bei kleiner Erweiterung der Basis.

7.1. Definition. Eine Immersion $S \longrightarrow S'$ von Raumkeimen heißt kleine Erweiterung, wenn gilt

$$\mathfrak{m}_{S'} \operatorname{Ker}(\mathcal{O}_{S'} \longrightarrow \mathcal{O}_S) = 0.$$

Der Kern $L := \operatorname{Ker}(\mathcal{O}_{S'} \longrightarrow \mathcal{O}_S)$ ist dann ein endlichdimensionaler $\mathbb{C}$-Vektorraum.

7.2. Bezeichnungen. Wir beziehen uns auf die in (5.4) definierte analytische Einspannung von X und bezeichnen mit B wieder den Keim des $\mathbb{C}^m$ im Nullpunkt. Wir setzen

$$\mathfrak{M} := \prod_{n=1}^{N} M(\ell_n \times \ell_n, \mathcal{O}_{\mathbb{C}^N \times B}),$$

$$\mathcal{L} := M(\ell_1 \times N, \mathcal{O}_{\mathbb{C}^N \times B}).$$

Für eine adaptierte Überdeckung $\mathfrak{U} = (U_i, E_i)$ bezeichne $C^1(\mathfrak{U}, \mathfrak{M})$ die Menge aller Familien

$$(M_{ij,n})_{i,j \in I,\ 1 \le n \le N} \quad \text{mit} \quad M_{ij,n} \in \Gamma(E_{ij}, M(\ell_n \times \ell_n, \mathcal{O}_{\mathbb{C}^N \times B}))$$

und $C^2(\mathfrak{U}, \mathcal{L})$ die Menge aller Familien

$$(C_{ijk})_{i,j,k \in I} \quad \text{mit} \quad C_{ijk} \in \Gamma(E_{ijk}, M(\ell_1 \times N, \mathcal{O}_{\mathbb{C}^N \times B})).$$

7.3. Definition des Hinderniscozyklus. Sei $S \hookrightarrow S'$ eine kleine Erweiterung von Unterkeimen von B und $L := \operatorname{Ker}(\mathcal{O}_{S'} \longrightarrow \mathcal{O}_S)$. Weiter sei $\mathfrak{U}$ eine adaptierte Überdeckung von X und $(P_i, g_{ij}) \in C^1(\mathfrak{U}; \mathfrak{P}, \mathfrak{G})$ ein Cozyklus über S. Dann gibt es Matrizen $M = (M_{ij}) \in C^1(\mathfrak{U}, \mathfrak{M})$ und $C = (C_{ijk}) \in C^2(\mathfrak{U}, \mathcal{L})$ mit $M(0) = M^o$ und $C(0) = C^o$ (vgl. 5.4), so daß gilt:

i) $P_{i,n}P_{i,n+1} = 0$ über S ,

ii) $M_{ji,n-1}P_{i,n}(g_{ij}u_{ij}) = P_{j,n}M_{ji,n}$ über S, $(M_{ji,o}=1)$

iii) $(g_{ij}u_{ij})(g_{jk}u_{jk}) - g_{ik}u_{ik} = P_{k,1}C_{kji}$ über S.

Wir definieren nun Größen Ξ_i, H_{ij}, Z_{ijk} durch

$$\Xi_i := P_{i,1}P_{i,2} ,$$

$$H_{ij}(u_{ij}) := P_{i,1}(g_{ij}u_{ij}) - P_{j,1}M_{ji,1} ,$$

$$Z_{ijk}(u_{ik}) := (g_{ij}u_{ij})(g_{jk}u_{jk}) - g_{ik}u_{ik} - P_{k,1}C_{kji}.$$

Da nach Voraussetzung $(\Xi,H,Z)|S = 0$, folgt

$$(\Xi,H,Z)|S' \equiv 0 \mod L.$$

Wir setzen $(\xi,\eta,\zeta) := (\Xi,H,Z)|S' \bmod (P^o) \otimes L$, d.h.

$$(\xi_i,\eta_{ij},\zeta_{ijk}) := (\Xi_i,H_{ij},Z_{ijk})|S' \bmod (P^o_{1,i}) \otimes L.$$

Es ist

$$\xi = (\xi_i) \in C^o(\mathfrak{U},\mathcal{O}_X^{\ell_2}) \otimes L,$$

$$\eta = (\eta_{ij}) \in C^1(\mathfrak{U},\mathcal{O}_X^{\ell_1}) \otimes L,$$

$$\zeta = (\zeta_{ijk}) \in C^2(\mathfrak{U},\mathcal{O}_X^{N}) \otimes L,$$

also

$$(\xi,\eta,\zeta) \in E^2(\mathfrak{U}) \otimes L.$$

Die Definition von (ξ,η,ζ) ist unabhängig von der Auswahl der Matrizen M und C. Wir zeigen als Beispiel, daß η unabhängig von der Auswahl von M ist. Sei $\widetilde{M} \in C^1(\mathfrak{U},\mathfrak{M})$ eine andere Cokette mit $\widetilde{M}(0) = M^o$ und

$$P_{i,1}(g_{ij}u_{ij}) - P_{j,1}\widetilde{M}_{ji,1} = 0 \text{ über } S$$

und sei $\tilde{\eta}$ mittels $\tilde{M}$ berechnet. Für $K := M_{ji,1} - \tilde{M}_{ji,1}$ gilt dann $K(0) = 0$, $P_{j,1}K = 0$ über S und

$$\tilde{\eta}_{ij}(u_{ij}) - \eta_{ij}(u_{ij}) = (P_{j,1}K)|S' \bmod (P^o_{j,1}) \otimes L.$$

Da die Sequenz $(P_{j,1}, P_{j,2})$ über S exakt ist, existiert eine $\ell_2 \times \ell_1$-Matrix Q mit Q(0) und $K = P_{j,2}Q$ über S, d.h.

$$K = P_{j,2}Q + \kappa \quad \text{über } S' \text{ mit } \kappa \equiv 0 \bmod L.$$

Wir können annehmen, daß $Q(0) = 0$. Jetzt folgt

$$P_{j1}K = P_{j1}P_{j2}Q + P_{j1}\kappa = P^o_{j1}\kappa \quad \text{über } S',$$

da $P_{j1}P_{j2}|S' \equiv 0 \bmod L$ und $Q|S' \equiv 0 \bmod \mathfrak{m}_{S'}$.

Daraus folgt $\eta = \tilde{\eta}$.

Wir nennen $(\xi,\eta,\zeta) =: \Delta^{S'}_S(P,g)$ den <u>Hinderniscozyklus</u> von (P,g) bzgl. der kleinen Erweiterung $S \hookrightarrow S'$.

<u>7.4. Lemma.</u> Die Bezeichnungen von (7.3) werden beibehalten. Seien (P,g), $(\tilde{P},\tilde{g}) \in C^1(\mathfrak{U};\mathcal{P},\mathcal{G})$ Cozyklen über S mit $(P,g)|S = (\tilde{P},\tilde{g})|S$. Wir definieren das Element $(\pi,\gamma) \in E^1(\mathfrak{U}) \otimes L$ durch

$$\pi_i := (\tilde{P}_{i,1} - P_{i,1})|S' \bmod (P^o_{i,1}) \otimes L,$$

$$\gamma_{ij} := (\tilde{g}_{ij} - g_{ij})|S' \bmod (P^o_{i,1}) \otimes L.$$

Dann gilt

$$\Delta^{S'}_S(\tilde{P},\tilde{g}) - \Delta^{S'}_S(P,g) = d^1(\pi,\gamma).$$

Der Beweis ergibt sich durch eine direkte Rechnung.

<u>7.5. Corollar.</u> Setzt man in Lemma (7.4) zusätzlich voraus, daß (P,g) und $(\tilde{P},\tilde{g})$ Cozyklen über S' sind, so ist, so liegt (π,γ) in $Z^1(E^\bullet(\mathfrak{U})) \otimes L$.

Dies folgt daraus, daß dann $\Delta^{S'}_S(\tilde{P},\tilde{g}) = \Delta^{S'}_S(P,g) = 0$.

7.6. Satz. Mit den Bezeichnungen (7.3) gilt: Genau dann läßt sich die durch (P,g) definierte Deformation über S zu einer Deformation von X über S' erweitern, wenn der Hinderniscozyklus $\Delta_S^{S'}(P,g)$ ein Corand ist.

Beweis. Setzen wir voraus, daß $\Delta_S^{S'}(P,g) = d^1(\pi,\gamma)$. Es gibt eine Cokette $(\tilde{P},\tilde{g}) \in C^1(\mathfrak{U};\mathfrak{P},\mathfrak{g})$ mit $(\tilde{P},\tilde{g})|S = (P,g)|S$ und

$$\pi = (\tilde{P}_1 - P_1)|S' \mod (P^o) \otimes L ,$$

$$\gamma = (\tilde{g}-g)|S' \mod (P^o) \otimes L.$$

Aus dem Lemma (7.4) folgt nun $\Delta_S^{S'}(\tilde{P},\tilde{g}) = 0$, d.h. es gibt Größen κ_i, μ_{ji}, c_{kji}, die über S' kongruent 0 mod L sind, so daß über S' gilt:

$$\tilde{P}_{i1}\tilde{P}_{i2} = P^o_{i1}\kappa_i ,$$

$$\tilde{P}_{i1}(\tilde{g}_{ij}u_{ij}) - \tilde{P}_{j1}\tilde{M}_{ji,1} = P^o_{j1}\mu_{ji} ,$$

$$(\tilde{g}_{ij}u_{ij})(\tilde{g}_{jk}u_{jk}) - (\tilde{g}_{ik}u_{ik}) - \tilde{P}_{k1}\tilde{C}_{kji} = P^o_{k1}c_{kji} .$$

Wir dürfen sogar annehmen, daß die Größen κ_i, μ_{ji}, c_{kji} alle gleich null sind (man hat dazu nur $\tilde{P}_{i,2}$, $\tilde{M}_{ji,1}$, $\tilde{C}_{kji}$ durch $\tilde{P}_{i,2} - \kappa_i$, $\tilde{M}_{ji,1} + \mu_{ji}$, $\tilde{C}_{kji} + c_{kji}$ zu ersetzen). Aus $\tilde{P}_{i,1}\tilde{P}_{i,2} = 0$ folgt, daß man $(\tilde{P}_{i,1},\tilde{P}_{i,2})$ zu einem Komplex $\tilde{P}_i = (\tilde{P}_{i,1},\ldots,\tilde{P}_{i,N})$ über S' mit $\tilde{P}_i|S = P_i|S$ ergänzen kann. Nun ist $(\tilde{P}_i,\tilde{g}_{ij}) \in C^1(\mathfrak{U};\mathfrak{P},\mathfrak{g})$ ein Cozyklus über S'. Die zugeordnete Deformation setzt die durch (P_i,g_{ij}) gegebene Deformation über S nach S' fort.
Die Umkehrung folgt noch einfacher aus Lemma (7.4).

7.7. Bemerkung. Jede Deformation Y von X über S läßt sich durch einen Cozyklus $(P,g) \in C^1(\mathfrak{U};\mathfrak{P},\mathfrak{g})$ repräsentieren, vgl. (5.8). Die Cohomologieklasse von $\Delta_S^{S'}(P,g)$ hängt nur von der Isomorphieklasse von Y ab. Man erhält so eine Abbildung

$$\Delta : \mathrm{Def}(X,S) \longrightarrow H^2(E^\cdot(\mathfrak{U}))\otimes L.$$

Wir definieren nun eine Wirkungsabbildung

$$H^1(E^\cdot(\mathfrak{U})) \otimes L \longrightarrow \mathrm{Def}(X,S')$$

auf folgende Weise: Die Elemente

$$x \in H^1(E^{\cdot}(\mathcal{U})) \otimes L \text{ und } [Y] \in \text{Def}(X,S')$$

seien repräsentiert durch den Cozyklus $(\pi,\gamma) \in Z^1(E^{\cdot}(\mathcal{U})) \otimes L$
bzw. den Cozyklus $(P,g) \in C^1(\mathcal{U};\mathcal{P},\mathcal{G})$ über S'. Es gibt nun
einen Cozyklus $(\tilde{P},\tilde{g}) \in C^1(\mathcal{U};\mathcal{P},\mathcal{G})$ mit

$$\pi = (\tilde{P}_1 - P_1)|S' \mod (P^o) \otimes L,$$
$$\gamma = (\tilde{g}-g)|S' \mod (P^o) \otimes L.$$

Nun sei $x.[Y] \in \text{Def}(X,S')$ die durch $(\tilde{P},\tilde{g})$ repräsentierte Deformation. Corollar (7.5) und Satz (7.6) besagen nun gerade, daß
die Sequenz

$$H^1(E^{\cdot}(\mathcal{U})) \otimes L \xrightarrow{} \text{Def}(X,S') \longrightarrow \text{Def}(X,S) \xrightarrow{\Delta} H^2(E^{\cdot}(\mathcal{U})) \otimes L$$

exakt ist. Dabei bedeutet Exaktheit an der Stelle $\text{Def}(X,S')$, daß
zwei Elemente $[Y]$, $[\tilde{Y}] \in \text{Def}(X,S')$ genau dann gleiche Beschränkung
auf S haben, wenn ein $x \in H^1(E^{\cdot}(\mathcal{U})) \otimes L$ existiert mit $[\tilde{Y}] = x.[Y]$.

<u>7.8. Lemma.</u> Seien $\mathcal{W} << \mathcal{U}$ adaptierte Überdeckungen von X. Weiter
seien ein Cozyklus $(\pi,\gamma) \in Z^1(E^{\cdot}(\mathcal{U}))$ und eine Cokette $\xi \in E^o(\mathcal{W})$
mit $d^o\xi = (\pi,\gamma)$ über $\mathcal{W}$ gegeben. Dann gibt es eine Cokette
$\bar{\xi} \in E^o(\mathcal{U})$ mit

$$\bar{\xi}|\mathcal{W} = \xi \quad \text{und} \quad d^o\bar{\xi} = (\pi,\gamma) \text{ über } \mathcal{U}.$$

<u>Beweis.</u> Aus $d^o\xi = (\pi,\gamma)$ über $\mathcal{W}$ folgt insbesondere $\delta\xi = \gamma$, also

$$\xi_i = \beta_i^j \xi_j - \gamma_{ij} \quad \text{auf} \quad V_i \cap V_j.$$

Das Element

$$\eta_{ij} := \beta_i^j \xi_j - \gamma_{ij}$$

ist definiert auf $U_i \cap V_j$. Wir zeigen nun

$$(*) \quad \eta_{ij} = \eta_{ik} \quad \text{auf} \quad U_i \cap V_j \cap V_k.$$

Beweis von (*): Wegen $d^1(\pi,\gamma) = 0$ gilt insbesondere $\delta\gamma = h^{01}\pi$, also

$$\beta_i^j\gamma_{jk} - \gamma_{ik} + \gamma_{ij} = (h^{01}\pi)_{ijk} \text{ über } U_i \cap U_j \cap U_k.$$

Nach Hilfssatz (6.7) und wegen $\partial\xi = \pi$ gilt andererseits

$$\beta_i^j\beta_j^k\xi_k - \beta_i^k\xi_k = (h^{01}\partial\xi)_{ijk} = (h^{01}\pi)_{ijk} \text{ über } U_i \cap U_j \cap V_k.$$

Deshalb gilt über $U_i \cap U_j \cap V_k$

$$\gamma_{ik} - \gamma_{ij} = \beta_i^j\gamma_{jk} - \beta_i^j\beta_j^k\xi_k + \beta_i^k\xi_k.$$

Nun erhalten wir über $U_i \cap V_j \cap V_k$

$$\begin{aligned}\eta_{ij} - \eta_{ik} &= \beta_i^j\xi_j - \gamma_{ij} - \beta_i^k\xi_k + \gamma_{ik} \\ &= \beta_i^j\xi_j + \beta_i^j\gamma_{jk} - \beta_i^j\beta_j^k\xi_k \\ &= \beta_i^j(\gamma_{jk}+\xi_j-\beta_j^k\xi_k) = 0,\end{aligned}$$

da $\partial\xi = \gamma$. Damit ist (*) bewiesen.

Wegen (*) gibt es ein Element $\bar{\xi}_i \in \Gamma(U_i,\mathcal{O}_X^N)$ mit

$$\bar{\xi}_i = \eta_{ij} \quad \text{auf} \quad U_i \cap V_j.$$

Das Element $\bar{\xi} = (\bar{\xi}_i) \in E^0(\mathfrak{U})$ erfüllt nun $\bar{\xi}|\mathfrak{V} = \xi$ und $d^0\bar{\xi} = (\pi,\gamma)$ über $\mathfrak{U}$, wie man einfach nachrechnet.

Wir wollen noch beweisen, daß der Unterraum der Coränder $d^1E^1(\mathfrak{U}) \subset E^2(\mathfrak{U})$ abgeschlossen ist. Dazu beweisen wir zunächst ein allgemeines Lemma.

7.9. Lemma. Seien A,B Frécheträume und $d\colon A \longrightarrow B$ eine stetige lineare Abbildung. Es sei

$$B = F^0B \supset F^1B \supset \ldots \supset F^kB = 0$$

eine Filtrierung von B durch abgeschlossene Unterräume F^iB. Wir definieren eine Filtrierung von A durch

$$\Phi^i A := \{x \in A\colon dx \in F^i B\}\ ,\ 0 \leq i \leq k.$$

Es werde vorausgesetzt, daß die von d induzierten Abbildungen

$$\Phi^i A/\Phi^{i+1} A \longrightarrow F^i B/F^{i+1} B$$

abgeschlossenes Bild besitzen. Dann besitzt auch die Abbildung $d\colon A \longrightarrow B$ abgeschlossenes Bild.

<u>Beweis.</u> Wir zeigen durch absteigende Induktion nach i, daß die Abbildung $d\colon \Phi^i A \longrightarrow F^i B$ abgeschlossenes Bild besitzt. Der Induktionsanfang $i = k$ ist trivial.

<u>Induktionsschritt $i + 1 \Rightarrow i$.</u>

Aus der Voraussetzung folgt, daß $d(\Phi^i A) + F^{i+1} B$ ein abgeschlossener Unterraum von B, also selbst ein Fréchetraum ist. Die Abbildung

$$\alpha\colon \Phi^i A \oplus F^{i+1} B \longrightarrow d(\Phi^i A) + F^{i+1} B,$$
$$(x,\eta) \longmapsto dx + \eta$$

ist stetig linear und surjektiv, nach dem Satz von Banach also offen. Es gilt

$$\alpha^{-1}(d(\Phi^i A)) = \Phi^i A \oplus d(\Phi^{i+1} A).$$

Nach Induktionsvoraussetzung ist $d(\Phi^{i+1} A)$ abgeschlossen in $F^{i+1} B$, also $\alpha^{-1}(d(\Phi^{i+1} A))$ abgeschlossen. Da α offen ist, folgt daß auch $d(\Phi^i A)$ abgeschlossen ist.

<u>7.10. Satz.</u> Sei $\mathfrak{U}$ eine adaptierte Überdeckung von X. Dann hat die Abbildung $d^1\colon E^1(\mathfrak{U}) \longrightarrow E^2(\mathfrak{U})$ abgeschlossenes Bild. (Dabei trägt $E^i(\mathfrak{U})$ die kanonische Fréchetraumstruktur.)

<u>Beweis.</u> Wir verwenden das Lemma (7.9). Für $E^2 := E^2(\mathfrak{U})$ benützen wir die Filtrierung aus (6.11)

$$F^o E^2 = E^2,\ F^1 E^2 = C^{11} \oplus C^{2o},\ F^2 E^2 = C^{2o},\ F^3 E^2 = 0.$$

Die induzierte Filtrierung auf $E^1 = C^{o1} \oplus C^{1o}$ ist dann

$$\Phi^o E^1 = E^1,$$
$$\Phi^1 E^1 = \{(\pi,\gamma) \in E^1 : \partial\pi = 0\},$$
$$\Phi^2 E^1 = \{(\pi,\gamma) \in E^1 : \partial\pi = 0 \text{ und } \partial\gamma = \delta\pi\}.$$

Man hat natürliche Isomorphien

$$F^o E^2/F^1E^2 \cong C^{o2},\ F^1E^2/F^2E^2 \cong C^{11},\ F^2E^2/F^3E^2 \cong C^{2o}.$$

Die durch d^1 induzierten Abbildungen $\Phi^\nu E^1 \longrightarrow F^\nu E^2/F^{\nu+1}E^2$ schreiben sich vermöge dieser Isomorphien als

$$\tau_o\colon \Phi^o E^1 \longrightarrow C^{o2},\ \tau_o(\pi,\gamma) = \partial\pi\ ,$$
$$\tau_1\colon \Phi^1 E^1 \longrightarrow C^{11},\ \tau_1(\pi,\gamma) = \partial\gamma - \delta\pi,$$
$$\tau_2\colon \Phi^2 E^1 \longrightarrow C^{2o},\ \tau_2(\pi,\gamma) = \delta\gamma - h^{o1}\pi.$$

Es ist nur noch zu zeigen, daß $\operatorname{Im}\tau_\nu$ abgeschlossen ist.

a) $\nu = 0$. Es sei $\mathcal{F}_i$ die kohärente Garbe $\operatorname{Im}(P^o_{i,2}\colon \mathcal{O}_X^{\ell_1} \longrightarrow \mathcal{O}_X^{\ell_2})$ über U_i. Nun gilt

$$\operatorname{Im}\tau_o = \prod_i \Gamma(U_i, \mathcal{F}_i) \subset C^o(\mathfrak{U}, \mathcal{O}_X^{\ell_2}).$$

Daher ist $\operatorname{Im}\tau_o$ abgeschlossen.

b) $\nu = 1$. Wir bezeichnen mit Z den folgenden Unterraum von C^{11}

$$Z := \{\zeta \in C^1(\mathfrak{U}, \mathcal{O}_X^{\ell_1}) : \partial\zeta = 0\}.$$

Sei $p\colon Z \longrightarrow C^1(\mathfrak{U}, \mathcal{E}x^1_X)$ die kanonische Projektion. Man überlegt sich leicht, daß

$$\operatorname{Im}\tau_1 = p^{-1}(B^1(\mathfrak{U}, \mathcal{E}x^1_X)).$$

Da $H^1(\mathfrak{U}, \mathcal{E}x^1_X)$ endlich-dimensional ist, ist $B^1(\mathfrak{U}, \mathcal{E}x^1_X) \subset C^1(\mathfrak{U}, \mathcal{E}x^1_X)$ abgeschlossen, also auch $\operatorname{Im}\tau_1$.

c) $\nu = 2$. Unter Benutzung der Rechenregeln (6.9.b,c) zeigt man, daß

$$B^2(\mathfrak{U},\mathcal{E}xc^0_X) \subset \operatorname{Im}\tau_2 \subset Z^2(\mathfrak{U},\mathcal{E}xc^0_X).$$

Da $H^2(\mathfrak{U},\mathcal{E}xc^0_X)$ endlich-dimensional ist, folgt daß $\operatorname{Im}\tau_2$ abgeschlossen ist.

Kapitel II. Glättungssatz

Wie in Kapitel I gezeigt, kann eine Deformation eines kompakten komplexen Raumes durch einen gewissen nichtabelschen Cozyklus beschrieben werden. Bei der späteren Potenzreihenkonstruktion muß jedesmal bei der Fortsetzung um eine Ordnung die Überdeckung, bzgl. der der Cozyklus gegeben ist, geschrumpft werden. Zur Überwindung dieser Schwierigkeit dient der Glättungssatz. Er erlaubt es, einen Deformationscozyklus auf einer feineren Überdeckung durch einen cohomologen auf einer gröberen Überdeckung zu ersetzen. Dabei sind Abschätzungen nötig, die unabhängig von der speziellen Basis und dem speziellen Cozyklus sind. Als geeigneten Rahmen für solche Abschätzungstechniken entwickeln wir einen Differentialkalkül in induktiv normierten Räumen. Mit Hilfe einer trickreichen, von Grauert eingeführten Induktionsmethode wird dann ein Theorem B mit Normen für Deformationen bewiesen. Aus diesem folgt der Glättungssatz analog zum klassischen Satz von Leray.

§ 8. Differentialrechnung in induktiv normierten Räumen

8.1. Sei m eine vorgegebene natürliche Zahl. Für einen Banachraum A bezeichnen wir mit $A\{t\} = A\{t_1,\ldots,t_m\}$ den Vektorraum aller konvergenten Potenzreihen

$$f = \sum_{\nu\in\mathbb{N}^m} a_\nu t^\nu \quad , \quad a_\nu \in A.$$

Ist A eine Banachalgebra, so ist $A\{t\}$ in natürlicher Weise eine Algebra. In jedem Fall ist $A\{t\}$ ein Modul über der Algebra $\mathbb{C}\{t\}$.

Für alle $\rho \in \mathbb{R}^m_{++}$ führen wir mit Hilfe der Standardmajorante

$$M(t) = \prod_{j=1}^{m}\left(\tfrac{1}{2} - \tfrac{1}{4}\sqrt{1-t_j}\right) = \sum_{\nu\in\mathbb{N}^m} \gamma_\nu t^\nu$$

Pseudonormen in $A\{t\}$ ein (vgl. [7], p. 293): Für $f = \sum a_\nu t^\nu \in A\{t\}$ sei

$$\|f\|_\rho := \inf\{c \in \mathbb{R}_+ : \sum_{\nu\in\mathbb{N}^m} \|a_\nu\| t^\nu \ll cM(\tfrac{t}{\rho})\}.$$

8.2. Definition. Ein induktiv normierter $\mathbb{C}\{t\}$-Modul ist ein $\mathbb{C}\{t\}$-Modul E zusammen mit einer Familie von Pseudonormen

$$\|\ \|_\rho : E \longrightarrow \mathbb{R}_+ \cup \{\infty\} \quad , \quad \rho \in \mathbb{R}^m_{++} ,$$

mit folgenden Eigenschaften:

i) Für jedes $\rho \in \mathbb{R}^m_{++}$ ist die Menge

$$E_\rho := \{f \in E : \|f\|_\rho < \infty\}$$

ein Banachraum und für alle $\phi \in \mathbb{C}\{t\}_\rho$ und $f \in E_\rho$ gilt die Ungleichung

$$\|\phi f\|_\rho \leq \|\phi\|_\rho \|f\|_\rho .$$

ii) Sei $\rho' \leq \rho$. Dann gilt $\|f\|_{\rho'} \leq \|f\|_{\rho}$ für alle $f \in E$. (Insbesondere gilt $E_{\rho} \subset E_{\rho'}$.)

iii) Die Vereinigung aller E_{ρ} ist gleich E.

8.3. Beispiele. a) $\mathbb{C}\{t\}$ ist mit den oben eingeführten Pseudonormen ein induktiv normierter Modul über sich selbst.

b) Für jeden Banachraum A ist $A\{t\}$ ein induktiv normierter $\mathbb{C}\{t\}$-Modul. Wir bezeichnen mit $A\{t\}^{o}$ den Untermodul von $A\{t\}$ aller Potenzreihen ohne konstantes Glied. $A\{t\}^{o}$ ist ebenfalls ein induktiv normierter $\mathbb{C}\{t\}$-Modul.

c) Sind $E_1,\ldots,E_n$ induktiv normierte $\mathbb{C}\{t\}$-Moduln, so ist auch $E := E_1\times\ldots\times E_n$ ein induktiv normierter $\mathbb{C}\{t\}$-Modul mit den Pseudonormen

$$\|(f_1,\ldots,f_n)\|_{\rho} := \max_j \|f_j\|_{\rho}.$$

d) Die später auftretenden induktiv normierten $\mathbb{C}\{t\}$-Moduln sind von folgender Art: Sei U eine offene Teilmenge des $\mathbb{C}^N$ und $\Gamma_b(U, \mathcal{O}_{\mathbb{C}^N})$ der Banachraum der beschränkten holomorphen Funktionen in U mit der Supremumsnorm. Sei B der Keim des $\mathbb{C}^m$ im Nullpunkt mit dem lokalen Ring $\mathbb{C}\{t\}$. Jedes Element $f \in \Gamma(U, \mathcal{O}_{\mathbb{C}^N\times B})$ läßt sich in eine Potenzreihe

$$f = \sum f_{\nu}t^{\nu}, \quad f_{\nu} \in \Gamma(U, \mathcal{O}_{\mathbb{C}^N})$$

entwickeln. Deshalb ist $\Gamma_b(U, \mathcal{O}_{\mathbb{C}^N})\{t\}$ in natürlicher Weise eine Teilmenge von $\Gamma(U, \mathcal{O}_{\mathbb{C}^N\times B})$, die mit $\Gamma_{\mathscr{b}}(U, \mathcal{O}_{\mathbb{C}^N\times B})$ bezeichnet werde. Ist $\mathfrak{U} = (U_i)_{i\in I}$ eine endliche Familie offener Teilmengen des $\mathbb{C}^N$, so setzen wir

$$C^q_{\mathscr{b}}(\mathfrak{U}, \mathcal{O}_{\mathbb{C}^N\times B}) = \prod \Gamma_{\mathscr{b}}(U_{i_o}\cap\ldots\cap U_{i_q}, \mathcal{O}_{\mathbb{C}^N\times B}).$$

8.4. Definition. Seien E und F induktiv normierte $\mathbb{C}\{t\}$-Moduln. Ein linearer Morphismus von E nach F ist eine $\mathbb{C}\{t\}$-lineare Abbildung $\Phi: E \longrightarrow F$ mit folgender Eigenschaft: Es existiert ein $\rho_o \in \mathbb{R}^m_{++}$ und ein $K \geq 0$, so daß

$$\|\Phi(x)\|_\rho \leq K\|x\|_\rho \text{ für alle } \rho \leq \rho_o \text{ und } x \in E_\rho.$$

Bemerkung. Man überlegt sich leicht, daß der Kern eines linearen Morphismus wieder ein induktiv normierter Modul ist.

8.5. Bezeichnungen. Sei E ein induktiv normierter $\mathbb{C}\{t\}$-Modul, $a \in E$ und $r > 0$. Für jedes $\rho \in \mathbb{R}^m_{++}$ mit $\|a\|_\rho < \infty$ sei

$$B_\rho(a,r) := \{x \in E_\rho : \|x - a\|_\rho < r\}$$

und

$$B(a,r) := \bigcup_{\rho \leq \rho_o} B_\rho(a,r).$$

Dabei ist ρ_o irgend ein Multiradius mit $\|a\|_{\rho_o} < \infty$; die Definition ist aber unabhängig von der Wahl des ρ_o.

Wir nennen eine Teilmenge $U \subset E$ offen, wenn es zu jedem $a \in U$ ein $r > 0$ gibt mit $B(a,r) \subset U$. Die dadurch gegebene Topologie ist im allgemeinen nicht hausdorffsch. In $A\{t\}^o$ etwa ist jede nichtleere offene Teilmenge gleich dem gesamten Raum, da für alle $x \in A\{t\}^o$ gilt

$$\lim_{\rho \to 0} \|x\|_\rho = 0.$$

8.6. Definition. Seien E und F induktiv normierte $\mathbb{C}\{t\}$-Moduln, $U \subset E$ eine offene Teilmenge und $f: U \longrightarrow F$ eine Abbildung. Wir nennen f differenzierbar, wenn es zu jedem $a \in U$ ein $\rho_o \in \mathbb{R}^m_{++}$ mit $\|a\|_{\rho_o} < \infty$ und Konstanten $r > 0$, $K \geq 0$ gibt, so daß für alle $\rho \leq \rho_o$ gilt:

i) $B_\rho(a,r) \subset U$ und

$$\|f(x)\|_\rho \leq K \text{ für alle } x \in B_\rho(a,r),$$

(lokale Beschränktheit).

ii) Die durch f induzierte Abbildung

$$f_\rho : B_\rho(a,r) \longrightarrow F_\rho$$

ist differenzierbar im Sinne der Differentialrechnung in Banachräumen und ihr Differential ist in jedem Punkt $\mathbb{C}\{t\}_\rho$-linear.

8.7. Bemerkungen. a) Da eine differenzierbare Abbildung zwischen komplexen Banachräumen analytisch ist, besitzt die Abbildung f_ρ Ableitungen jeder Ordnung $D^n f_\rho(x)$, $x \in B_\rho(a,r)$. Aus der Bedingung (i) folgt die Cauchyabschätzung

$$\| D^n f_\rho(x) \|_\rho \leq \frac{n!K}{(r/2)^n}$$

für alle $\rho \leq \rho_o$ und alle $x \in B_\rho(a,r/2)$.
b) Man überlegt sich leicht, daß sich die $D^n f_\rho(x)$ zu einer homogen polynomialen Abbildung vom Grad n

$$D^n f(x) : E \longrightarrow F$$

zusammensetzen. Die erste Ableitung $Df(x)$ ist ein $\mathbb{C}\{t\}$-linearer Morphismus von E nach F.
c) Der Begriff der differenzierbaren Abbildung überträgt sich in natürlicher Weise auf Abbildungen zwischen affinen Räumen über induktiv normierten $\mathbb{C}\{t\}$-Moduln.

8.8. Satz. Seien E und F induktiv normierte $\mathbb{C}\{t\}$-Moduln, $f: E \longrightarrow F$ eine differenzierbare Abbildung und $\mathfrak{a} \subset \mathbb{C}\{t\}$ ein Ideal. Dann gilt: Sind $x,y \in E$ mit $x - y \in \mathfrak{a}E$, so folgt

$$f(x) - f(y) \in \mathfrak{a}F.$$

Beweis. Nach dem Mittelwertsatz gilt $f(x) - f(y) = A(x-y)$, wobei

$$A := \int_o^1 Df(y+t(x-y))dt.$$

Da $A: E \longrightarrow F$ eine $\mathbb{C}\{t\}$-lineare Abbildung ist, folgt die Behauptung.

8.9. Satz (über implizite Funktionen). Seien E_1, E_2 und F induktiv normierte $\mathbb{C}\{t\}$-Moduln, $U_i \subset E_i$ offene Umgebungen der Null sowie

$$\Phi: U_1 \times U_2 \longrightarrow F$$

eine differenzierbare Abbildung mit $\Phi(0,0) = 0$. Das partielle Differential

$$D_2\Phi(0,0): E_2 \longrightarrow F$$

besitze einen linearen Morphismus $\sigma: F \longrightarrow E_2$ als Schnitt. Dann gibt es eine offene Umgebung $V \subset U_1$ der Null, sowie eine differenzierbare Abbildung $\varphi: V \longrightarrow U_2$ mit $\varphi(0) = 0$ und

$$\Phi(x,\varphi(x)) = 0 \text{ für alle } x \in V.$$

Der Beweis kann wie im Banachraum-Fall geführt werden, vgl. [21], [8].

§ 9. Homomorphismenräume

9.1. Seien A und B Banachräume. Die Menge aller linearen Morphismen von $A\{t\}$ nach $B\{t\}$ werde mit $\mathrm{Hom}(A\{t\},B\{t\})$ bezeichnet. Sei $\Phi \in \mathrm{Hom}(A\{t\},B\{t\})$ und $\rho \in \mathbb{R}^m_{++}$. Dann setzen wir

$$\|\Phi\|_\rho^{op} := \sup\{\|\Phi(x)\|_\rho : \|x\|_\rho \leq 1\}.$$

Nach Definition des linearen Morphismus gibt es eine Konstante $K \geq 0$ und ein $\rho_o \in \mathbb{R}^m_{++}$, so daß $\|\Phi\|_\rho^{op} \leq K$ für alle $\rho \leq \rho_o$. Mit $\mathrm{Hom}(A,B)$ bezeichnen wir den Banachraum aller stetig linearen Abbildungen $\varphi: A \longrightarrow B$ mit der Operatornorm. Jedem

$$\Phi = \sum \varphi_\nu t^\nu \in \mathrm{Hom}(A,B)\{t\}$$

ordnen wir eine $\mathbb{C}\{t\}$-lineare Abbildung $A\{t\} \longrightarrow B\{t\}$, die wieder mit Φ bezeichnet werde, durch folgende Vorschrift zu: Für $f = \sum a_\nu t^\nu \in A\{t\}$ sei

$$\Phi(f) := \sum_{\nu,\mu} \varphi_\nu(a_\mu) t^{\nu+\mu}.$$

9.2. Satz. Die oben definierte Zuordnung liefert eine bijektive Abbildung

$$\mathrm{Hom}(A,B)\{t\} \longrightarrow \mathrm{Hom}(A\{t\},B\{t\}).$$

Für jedes $\Phi \in \mathrm{Hom}(A,B)\{t\}$ und jedes $\rho \in \mathbb{R}^m_{++}$ gilt die Ungleichung

$$\|\Phi\|_\rho^{op} \leq \|\Phi\|_\rho \leq \frac{1}{\gamma_o} \|\Phi\|_\rho^{op}.$$

Beweis. a) Sei $\rho \in \mathbb{R}^m_{++}$ und $\Phi \in \mathrm{Hom}(A,B)\{t\}$ mit $\|\Phi\|_\rho = C < \infty$. Dann gilt

$$\|\varphi_\nu\| \leq \frac{C\gamma_\nu}{\rho^\nu} \quad \text{für alle } \nu \in \mathbb{N}^m.$$

Sei $f = \sum a_\nu t^\nu \in A\{t\}$ mit $\|f\|_\rho \leq 1$, d.h. $\|a_\nu\| \leq \frac{\gamma_\nu}{\rho^\nu}$ für alle ν.
Es ist $\Phi(f) = \sum b_\nu t^\nu$, wobei $b_\nu = \sum_{\lambda+\mu=\nu} \varphi_\lambda(a_\mu)$.

Nun gilt:

$$\|b_\nu\| \leq \sum_{\lambda+\mu=\nu} \frac{C\gamma_\lambda}{\rho^\lambda} \cdot \frac{\gamma_\mu}{\rho^\mu} \leq C \frac{\gamma_\nu}{\rho^\nu} .$$

Daraus folgt:

$$\|\Phi(f)\|_\rho \leq C, \text{ d.h. } \|\Phi\|_\rho^{op} \leq C.$$

Diese Ungleichung gilt auch für jedes $\rho' \leq \rho$. Damit ist insbesondere gezeigt, daß die im Satz erwähnte Abbildung wohldefiniert ist.

b) Sei $\rho \in \mathbb{R}^m_{++}$ und $\Phi \in \mathrm{Hom}(A\{t\},B\{t\})$ mit $\|\Phi\|_\rho^{op} =: K < \infty$. Durch die Formel

$$\Phi(a) = \sum \varphi_\nu(a)t^\nu \quad , \quad a \in A$$

wird eine Familie (φ_ν) von $\mathbb{C}$-linearen Abbildungen $\varphi_\nu : A \longrightarrow B$ definiert. Für jedes $a \in A$ gilt

$$\|\Phi(a)\|_\rho \leq K\|a\|_\rho = \frac{K}{\gamma_o}\|a\|.$$

Daraus folgt

$$\|\varphi_\nu(a)\| \leq \frac{\gamma_\nu}{\rho^\nu} \cdot \frac{K}{\gamma_o} \|a\| ,$$

d.h.

$$\|\varphi_\nu\| \leq \frac{K}{\gamma_o} \cdot \frac{\gamma_\nu}{\rho^\nu} .$$

Damit ist gezeigt, daß

$$\|\Phi\|_\rho = \|\sum \varphi_\nu t^\nu\|_\rho \leq \frac{K}{\gamma_o} = \frac{1}{\gamma_o}\|\Phi\|_\rho^{op}.$$

9.3. Satz. Seien A,B Banachräume und φ_o: A ——> B ein Isomorphismus. Dann gilt:

a) Der affine Raum

$$G := \varphi_o + \mathrm{Hom}(A,B)\{t\}^o$$

besteht aus lauter Isomorphismen von A{t} nach B{t}.

b) Die Abbildung

$$\iota: G \longrightarrow \mathrm{Hom}(B\{t\},A\{t\}),\ \varphi \longmapsto \varphi^{-1},$$

ist differenzierbar.

Beweis. Sei $F := \varphi_o^{-1} + \mathrm{Hom}(B,A)\{t\}^o$. Wendet man auf die Abbildungen

$$\Phi_1: G \times F \longrightarrow \mathrm{Hom}(A,A)\{t\},\ (\varphi,\psi) \longmapsto \psi \circ \varphi,$$

$$\Phi_2: G \times F \longrightarrow \mathrm{Hom}(B,B)\{t\},\ (\varphi,\psi) \longmapsto \varphi \circ \psi,$$

das implizite Funktionentheorem (8.9) an, so ergibt sich die Behauptung.

9.4. Satz (Aufspaltungshilfssatz). Sei

$$A' \xrightarrow{\varphi_o} A \xrightarrow{\psi_o} A''$$

eine direkt exakte Sequenz von Banachräumen. Wir bezeichnen mit G die Menge aller (nicht notwendig exakten) Sequenzen

$$A'\{t\} \xrightarrow{\varphi} A\{t\} \xrightarrow{\psi} A''\{t\}$$

mit $\varphi(0) = \varphi_o$ und $\psi(0) = \psi_o$, d.h.

$$G = (\varphi_o,\psi_o) + (\mathrm{Hom}(A',A)\{t\}^o \times \mathrm{Hom}(A,A'')\{t\}^o)$$

und mit H die Menge aller Sequenzen

$$A'\{t\} \xleftarrow{\tau} A\{t\} \xleftarrow{\sigma} A''\{t\},$$

d.h.

$$H = \mathrm{Hom}(A\{t\},A'\{t\}) \times \mathrm{Hom}(A''\{t\},A\{t\}).$$

<u>Behauptung:</u> Es gibt eine differenzierbare Abbildung $\gamma: G \longrightarrow H$ mit folgender Eigenschaft: Ist $(\varphi,\psi) \in G$ und $\gamma(\varphi,\psi) =: (\tau,\sigma)$, so gilt:

$$\varphi\tau + \sigma\psi - \sigma\psi\varphi\tau = 1_{A\{t\}}$$

<u>Beweis.</u> Da die Sequenz (φ_o,ψ_o) direkt exakt ist, gibt es direkte Summenzerlegungen

$$A' = L' \oplus M', \ A = L \oplus M, \ A'' = L'' \oplus M''$$

wobei

$$L' = \mathrm{Ker}\ \varphi_o\ ,\ L = \mathrm{Ker}\ \psi_o = \mathrm{Im}\ \varphi_o\ ,\ L'' = \mathrm{Im}\ \psi_o .$$

Durch φ_o und ψ_o werden Isomorphismen $\varphi_o: M' \longrightarrow L$ bzw. $\psi_o: M \longrightarrow L''$ induziert. Deshalb sind die Abbildungen

$$M' \times M \longrightarrow A\ ,\quad (x',x) \longmapsto \varphi_o(x') + x\ ,$$
$$M \times M'' \longrightarrow A''\ ,\quad (x,x'') \longmapsto \psi_o(x) + x''$$

Isomorphismen. Nach Satz 9.3 sind deshalb für beliebiges $(\varphi,\psi) \in G$ die Abbildungen

$$\Phi: M'\{t\} \times M\{t\} \longrightarrow A\{t\}\ ,\quad (x',x) \longmapsto \varphi(x') + x\ ,$$

$$\Psi: M\{t\} \times M''\{t\} \longrightarrow A''\{t\},\quad (x,x'') \longmapsto \psi(x) + x''$$

Isomorphismen. Wir betrachten deren Inverse und setzen

$$\tau := pr_1 \circ \Phi^{-1} \in \mathrm{Hom}(A\{t\},A'\{t\}),$$
$$\sigma := pr_1 \circ \Psi^{-1} \in \mathrm{Hom}(A''\{t\},A\{t\}).$$

Die durch $\gamma(\varphi,\psi) := (\tau,\sigma)$ definierte Abbildung ist nach Satz 9.3 differenzierbar.

Wir zeigen jetzt, daß γ sich der gewünschten Eigenschaft erfreut: Sei $y \in A\{t\}$ beliebig vorgegeben und sei

$$(x',x) := \Phi^{-1}(y) \quad , \text{ d.h. } y = \varphi(x') + x.$$

Nach Definition von τ ist $x' = \tau(y)$, also

$$(*) \quad y = \varphi\tau y + x.$$

Es gilt $\Psi(x,0) = \psi(x)$, d.h. $(x,0) = \Psi^{-1}(\psi(x))$. Nach Definition von σ folgt daraus

$$x = \sigma\psi(x) = \sigma\psi(y-\varphi\tau y).$$

Setzt man dies in die Gleichung (*) ein, so erhält man

$$y = \varphi\tau y + \sigma\psi y - \sigma\psi\varphi\tau y.$$

§ 10. Die Garbe der vertikalen Automorphismen

Im folgenden bezeichnen wir mit B stets den Keim des $\mathbb{C}^m$ in seinem Ursprung. Die kanonischen Koordinaten seien $t_1,\ldots,t_m$. Dann ist $\mathbb{C}\{t_1,\ldots,t_m\}$ der lokale Ring von B.

10.1. Definition. Sei U eine offene Menge im $\mathbb{C}^N$. Wir setzen

$$\mathfrak{H}(U) := \Gamma(U, \mathcal{O}^N_{\mathbb{C}^N\times B}).$$

Bemerkung. Mit der natürlichen Beschränkungsabbildung $\mathfrak{H}(U) \longrightarrow \mathfrak{H}(V)$ für $V \subset U$ erhält man eine Garbe $\mathfrak{H}$ auf $\mathbb{C}^N$. Jedes Element $h \in \mathfrak{H}(U)$ läßt sich eindeutig in eine Potenzreihe

$$h = \sum_{\nu\in\mathbb{N}^m} h_\nu t^\nu$$

mit $h_\nu \in \Gamma(U, \mathcal{O}^N_{\mathbb{C}^N})$ entwickeln.

10.2. Bezeichnung. Wir bezeichnen mit $\Gamma_b(U, \mathcal{O}^N_{\mathbb{C}^N})$ den Banachraum aller Elemente $f \in \Gamma(U, \mathcal{O}^N_{\mathbb{C}^N})$ mit

$$|f|_U := \sup\{|f(z)| : z \in U\} < \infty.$$

Dann läßt sich $\Gamma_b(U, \mathcal{O}^N_{\mathbb{C}^N})\{t\}$ als Teilraum von $\Gamma(U,\mathfrak{H})$ auffassen, den wir mit $\Gamma_{\mathfrak{b}}(U,\mathfrak{H})$ bezeichnen. $\Gamma_{\mathfrak{b}}(U,\mathfrak{H})$ ist ein induktiv normierter $\mathbb{C}\{t\}$-Modul mit den in (8.1) eingeführten Pseudonormen, die wir hier mit $\|\ \|_{U\rho}$ bezeichnen.

Bemerkung. Liegt U relativkompakt in U', so gilt

$$\mathrm{Im}(\Gamma(U',\mathfrak{H}) \longrightarrow \Gamma(U,\mathfrak{H})) \subset \Gamma_{\mathfrak{b}}(U,\mathfrak{H}).$$

10.3. Vertikale Automorphismen. Sei U eine offene Menge im $\mathbb{C}^N$.

$$\mathfrak{G}(U) = \{g \in \mathfrak{H}(U) : g(z,0) = z\}$$

läßt sich als die Gruppe der vertikalen Automorphismen $U \times B \longrightarrow U \times B$ auffassen, vgl. (4.3) und [8], § 2. Die Zusammensetzung zweier Elemente $g,h \in \mathcal{G}(U)$ wird mit $g \circ h$ oder $g(h)$ bezeichnet. Manchmal schreiben wir dafür nur kurz gh.

Wir setzen

$$\Gamma_{\mathscr{b}}(U,\mathcal{G}) := \{g \in \Gamma(U,\mathcal{G}) : g - \mathrm{id} \in \Gamma_{\mathscr{b}}(U,\mathcal{H})\}.$$

<u>Bemerkung.</u> $\Gamma_{\mathscr{b}}(U,\mathcal{G})$ ist ein affiner Raum über dem induktiv normierten $\mathbb{C}\{t\}$-Modul $T\Gamma_{\mathscr{b}}(U,\mathcal{G}) := \Gamma_b(U, \mathcal{O}^N_{\mathbb{C}^N})\{t\}^o$.

<u>10.4. Lemma.</u> Seien $V \subset\subset U$ offene Mengen im $\mathbb{C}^N$. Dann gibt es Konstanten $\varepsilon > 0$ und $K > 0$, so daß für alle $\rho \in \mathbb{R}^m_{++}$ und alle $h \in \Gamma_{\mathscr{b}}(U,\mathcal{H})$ und $g \in \Gamma_{\mathscr{b}}(V,\mathcal{G})$ mit $\|g - \mathrm{id}\|_{V\rho} \leq \varepsilon$ die Abschätzung gilt:

$$\|h(g)\|_{V\rho} \leq K\|h\|_{U\rho}.$$

<u>10.5. Lemma.</u> Seien $V \subset\subset U$ offene Mengen im $\mathbb{C}^N$. Dann gibt es Konstanten $\varepsilon > 0$ und $K > 0$, so daß für alle $\rho \in \mathbb{R}^m_{++}$ und alle $h \in \Gamma_{\mathscr{b}}(U,\mathcal{H})$ und $g \in \Gamma_{\mathscr{b}}(V,\mathcal{G})$, $\psi \in T\Gamma_{\mathscr{b}}(V,\mathcal{G})$ mit

$$\|g - \mathrm{id}\|_{V\rho} \leq \varepsilon \quad \text{und} \quad \|\psi\|_{V\rho} \leq \varepsilon$$

gilt:

$$\|h(g+\psi) - h(g) - \frac{\partial h}{\partial z}(g)\psi\|_{V\rho} \leq K\|h\|_{U\rho}\|\psi\|^2_{V\rho}.$$

Diese beiden Lemmata werden wie in [8], Lemma 2.15 und 2.17 bewiesen. Mit ihrer Hilfe zeigt man den folgenden Satz über die Komposition von Abbildungen (vgl. [8],Satz 1.18).

<u>10.6. Satz.</u> Seien $V \subset\subset U$ offene Mengen im $\mathbb{C}^N$. Dann ist die Abbildung

$$\mu: \Gamma_{\mathscr{b}}(U,\mathcal{H}) \times \Gamma_{\mathscr{b}}(V,\mathcal{G}) \longrightarrow \Gamma_{\mathscr{b}}(V,\mathcal{H})$$
$$(h,g) \longmapsto h(g)$$

differenzierbar. Ihr Differential im Punkte (h,g) ist

$$D\mu(h,g)\colon \Gamma_b(U,\mathcal{H}) \times T\Gamma_b(V,\mathcal{G}) \longrightarrow \Gamma_b(V,\mathcal{H})$$
$$(\varphi,\psi) \longmapsto \varphi(g) + \frac{\partial h}{\partial z}(g)\,\psi .$$

Mit Hilfe des impliziten Funktionentheorems (8.9) gewinnt man daraus

<u>10.7. Satz.</u> Seien $V \subset\subset U$ offene Mengen im $\mathbb{C}^N$. Dann ist die Abbildung

$$\iota\colon \Gamma_b(U,\mathcal{G}) \longrightarrow \Gamma_b(V,\mathcal{G}), \quad g \longmapsto g^{-1}$$

differenzierbar. Für ihr Differential gilt $D\iota(id) = -1$.

<u>10.8. Satz.</u> Seien $V \subset\subset U$ und W offene Mengen im $\mathbb{C}^N$, $u \in \Gamma_b(U, \mathcal{O}^N_{\mathbb{C}^N})$ und $v \in \Gamma(W, \mathcal{O}^N_{\mathbb{C}^N})$ mit $v(W) \subset V$. Dann ist die Abbildung

$$\theta\colon \Gamma_b(V,\mathcal{G}) \longrightarrow \Gamma_b(W,\mathcal{H}), \quad g \longmapsto u\circ g\circ v$$

differenzierbar.

<u>Beweis.</u> Aus Satz (10.6) folgt, daß die Abbildung

$$\theta_1\colon \Gamma_b(V,\mathcal{G}) \longrightarrow \Gamma_b(V,\mathcal{H}), \quad g \longmapsto u\circ g$$

wohldefiniert und differenzierbar ist.

Die Abbildung

$$\theta_2\colon \Gamma_b(V,\mathcal{H}) \longrightarrow \Gamma_b(W,\mathcal{H}), \quad h \longmapsto h\circ v$$

ist ein linearer Morphismus. Daraus folgt, daß $\theta = \theta_2 \circ \theta_1$ differenzierbar ist.

§ 11. Aufspaltungslemma

11.1. Wir beziehen uns auf die in (4.1) eingeführten Bezeichnungen. Insbesondere sei $D \subset \mathbb{C}^N$ eine Steinsche offene Menge, X ein abgeschlossener analytischer Unterraum von D und

$$\mathcal{O}_{\mathbb{C}^N} \xleftarrow{P_1^o} \mathcal{O}_{\mathbb{C}^N}^{\ell_1} \xleftarrow{P_2^o} \cdots \xleftarrow{P_N^o} \mathcal{O}_{\mathbb{C}^N}^{\ell_N} \longleftarrow 0$$

eine Auflösung der Strukturgarbe $\mathcal{O}_X$ = Coker P_1^o. Die Garbe $\mathcal{P}$ sei wie in (4.2) definiert.

11.2. Normen. Sei U offen in D und $P = (P_1,\ldots,P_N)$ ein Element aus $\mathcal{P}(U)$ mit der Potenzreihenentwicklung

$$P_j = P_j^o + \sum_{\nu \neq 0} P_j^\nu t^\nu .$$

Mit $|P_j^\nu|_U$ bezeichnen wir die Operatornorm von P_j^ν als Abbildung

$\Gamma_b(U,\mathcal{O}_{\mathbb{C}^N}^{\ell_j}) \longrightarrow \Gamma_b(U,\mathcal{O}_{\mathbb{C}^N}^{\ell_{j-1}})$. Für $\rho \in \mathbb{R}_{++}^m$ setzen wir

$$\|P_j\|_{U\rho} := \inf \{c \in \mathbb{R}_+ : \sum_{\nu \neq 0} |P_j^\nu|_U t^\nu << cM(\tfrac{t}{\rho})\},$$

$$\|P\|_{U\rho} := \max_j \|P_j\|_{U\rho} .$$

Es sei

$$\Gamma_{\mathscr{b}}(U,\mathcal{P}) := \{P \in \mathcal{P}(U) : \exists \rho \in \mathbb{R}_{++}^m \text{ mit } \|P\|_{U\rho} < \infty\}.$$

Der Raum $\Gamma_{\mathscr{b}}(U,\mathcal{P})$ ist in natürlicher Weise ein affiner Raum über dem induktiv normierten $\mathbb{C}\{t\}$-Modul $T\Gamma_{\mathscr{b}}(U,\mathcal{P})$, der durch die Gleichung

$$\Gamma_{\mathscr{b}}(U,\mathcal{P}) = P^o + T\Gamma_{\mathscr{b}}(U,\mathcal{P})$$

definiert ist, wobei $P^o = (P_1^o,\ldots,P_N^o)$.

Ein Element $P = (P_1,\dots,P_N) \in \mathcal{P}(U)$ definiert insbesondere einen linearen Morphismus

$$P_1 \colon \Gamma_b(U, \mathcal{O}^{\ell_1}_{\mathbb{C}^N \times B}) \longrightarrow \Gamma_b(U, \mathcal{O}_{\mathbb{C}^N \times B}).$$

Hauptzweck dieses Paragraphen ist die Konstruktion eines Schnittes gegen diese Abbildung mit besonderen Eigenschaften, was im folgenden Satz präzisiert wird.

<u>11.3. Satz</u> (Aufspaltungslemma). Seien $V \subset\subset U \subset\subset D$ Steinsche offene Mengen. Dann gibt es eine differenzierbare Abbildung

$$\alpha \colon \Gamma_b(U,\mathcal{P}) \longrightarrow \mathrm{Hom}_{\mathbb{C}\{t\}}(\Gamma_b(U, \mathcal{O}_{\mathbb{C}^N \times B}),\ \Gamma_b(V, \mathcal{O}^{\ell_1}_{\mathbb{C}^N \times B}))$$

mit folgender Eigenschaft: Sei $S \subset B$ ein Unterkeim, $P \in \Gamma_b(U,\mathcal{P})$ ein Komplex über S und $f \in \Gamma_b(U, \mathcal{O}_{\mathbb{C}^N \times B})$ ein Element mit

$$f \in \mathrm{Im}\, P_1 \text{ über } S.$$

Dann gilt

$$P_1\, \alpha(P) f = f|V \quad \text{über } S.$$

Dabei bedeutet die Sprechweise "über S", daß die betreffende Aussage nach Beschränkung auf $U \times S$ bzw. $V \times S$ gilt.

<u>11.4.</u> Der Beweis des Aufspaltungslemmas benötigt einige Vorbereitungen. Zunächst führen wir folgende Abkürzungen ein: Wir setzen

$$\mathcal{L}^o_j := \mathcal{O}^{\ell_j}_{\mathbb{C}^N}, \quad \mathcal{L}_j := \mathcal{O}^{\ell_j}_{\mathbb{C}^N \times B}.$$

Eine offene Steinsche Menge $U \subset D$ heißt <u>privilegiert</u> für die exakte Sequenz

$$\mathcal{L}^o_o \xleftarrow{P^o_1} \mathcal{L}^o_1 \xleftarrow{P^o_2} \mathcal{L}^o_2 \longleftarrow \dots \xleftarrow{P^o_N} \mathcal{L}^o_N \longleftarrow 0,$$

falls die Sequenz

$$\Gamma_b(U,\mathcal{L}^o_o) \xleftarrow{P^o_1} \Gamma_b(U,\mathcal{L}^o_1) \xleftarrow{P^o_2} \dots \xleftarrow{P^o_N} \Gamma_b(U,\mathcal{L}^o_N) \longleftarrow 0$$

direkt exakt ist. Bekanntlich gibt es zu jedem Punkt $a \in D$ ein Fundamentalsystem von privilegierten Umgebungen.

<u>11.5. Satz</u> (privilegiertes Aufspaltungslemma). Sei $U \subset\subset D$ eine privilegierte offene Teilmenge. Dann gibt es für $k = 0,1,\ldots,N-1$ differenzierbare Abbildungen

$$\sigma_k : \Gamma_{\mathfrak{b}}(U,\mathfrak{P}) \longrightarrow \mathrm{Hom}_{\mathbb{C}\{t\}}(\Gamma_{\mathfrak{b}}(U,\mathcal{L}_k),\Gamma_{\mathfrak{b}}(U,\mathcal{L}_{k+1}))$$

mit folgender Eigenschaft: Ist $S \subset B$ ein Unterkeim und $P \in \Gamma_{\mathfrak{b}}(U,\mathfrak{P})$ ein Komplex über S, so gilt für $k = 1,\ldots,N$.

$$P_k\sigma_{k-1}(P)P_k = P_k \text{ über } S.$$

<u>Beweis.</u> Nach dem Aufspaltungshilfssatz (9.4) gibt es differenzierbar von P abhängige Abbildungen

$$\sigma_{k-1}(P) : \Gamma_{\mathfrak{b}}(U,\mathcal{L}_{k-1}) \longrightarrow \Gamma_{\mathfrak{b}}(U,\mathcal{L}_k),$$

$$\tau_k(P) : \Gamma_{\mathfrak{b}}(U,\mathcal{L}_k) \longrightarrow \Gamma_{\mathfrak{b}}(U,\mathcal{L}_{k+1}),$$

die folgender Gleichung genügen:

$$P_{k+1}\tau_k(P) + \sigma_{k-1}(P)P_k - \sigma_{k-1}(P)P_kP_{k+1}\tau_k(P) = 1.$$

Ist nun S ein Unterkeim von B und $P \in \Gamma_{\mathfrak{b}}(U,\mathfrak{P})$ ein Komplex über S, so folgt daraus

$$P_{k+1}\tau_k(P) + \sigma_{k-1}(P)P_k = 1 \text{ über } S$$

und durch Multiplikation von links mit P_k

$$P_k\sigma_{k-1}(P)P_k = P_k \text{ über } S.$$

<u>11.6.</u> Wir werden das Aufspaltungslemma durch Induktion beweisen und formulieren dazu folgende Lemmata:

<u>Lemma I_k</u>. Seien $V \subset\subset U \subset\subset D$ offene Steinsche Mengen. Dann gibt es eine differenzierbare Abbildung

$$\alpha_k\colon \Gamma_{\mathfrak{b}}(U,\mathfrak{P}) \longrightarrow \mathrm{Hom}_{\mathbb{C}\{t\}}(\Gamma_{\mathfrak{b}}(U,\mathcal{L}_k),\Gamma_{\mathfrak{b}}(V,\mathcal{L}_{k+1}))$$

mit folgender Eigenschaft: Sei $S \subset B$ ein Unterkeim, $P \in \Gamma_{\mathfrak{b}}(U,\mathfrak{P})$ ein Komplex über S und $f \in \Gamma_{\mathfrak{b}}(U,\mathcal{L}_k)$ ein Element mit

$$f \in \mathrm{Im}\, P_{k+1} \text{ über } S.$$

Dann gilt

$$P_{k+1}\alpha_k(P)f = f|V \text{ über } S.$$

<u>Lemma II_k</u>. Seien $\mathfrak{W} << \mathfrak{U}$ endliche Familien offener Scheinscher Mengen in D, so daß $U := |\mathfrak{U}|$ Steinsch ist, und sei $q \geq 1$ eine natürliche Zahl. Dann gibt es eine differenzierbare Abbildung

$$\beta_k\colon \Gamma_{\mathfrak{b}}(U,\mathfrak{P}) \longrightarrow \mathrm{Hom}_{\mathbb{C}\{t\}}(C^q_{\mathfrak{b}}(\mathfrak{U},\mathcal{L}_k),\ C^{q-1}_{\mathfrak{b}}(\mathfrak{W},\mathcal{L}_k))$$

mit folgender Eigenschaft: Sei $S \subset B$ ein Unterkeim, $P \in \Gamma_{\mathfrak{b}}(U,\mathfrak{P})$ ein Komplex über S und $\xi \in C^q_{\mathfrak{b}}(\mathfrak{U},\mathcal{L}_k)$ eine Cokette mit

$$\xi \in \mathrm{Im}\, P_{k+1} \text{ über } S$$

und

$$\delta\xi = 0 \text{ über } S.$$

Dann gilt

$$\beta_k(P)\xi \in \mathrm{Im}\, P_{k+1} \text{ über } S$$

und

$$\delta\beta_k(P)\xi = \xi|\mathfrak{W} \text{ über } S.$$

Lemma I_o ist nichts anderes als das Aufspaltungslemma (11.3). Wir beweisen die Lemmata I_k und II_k simultan durch Induktion nach folgendem Schema:

a) $II_k \Rightarrow I_{k-1}$,

b) $II_k \;\&\; I_{k-1} \Rightarrow II_{k-1}$.

Der Induktionsanfang II_{N+1} ist trivial. Dem Beweis der Induktionsschritte schicken wir einige Hilfssätze voraus.

11.7. Folgender Satz läßt sich leicht mit Hilbertraummethoden beweisen:

Satz. Seien $\mathfrak{W} \ll \mathfrak{U}$ endliche Familien offener Steinscher Mengen im $\mathbb{C}^N$, so daß $|\mathfrak{U}|$ Steinsch ist. Dann gibt es zu jeder natürlichen Zahl $q \geq 1$ eine stetige $\mathbb{C}$-lineare Abbildung

$$\lambda: C_b^q(\mathfrak{U}, \mathcal{O}_{\mathbb{C}^N}) \longrightarrow C_b^{q-1}(\mathfrak{W}, \mathcal{O}_{\mathbb{C}^N})$$

mit folgender Eigenschaft: Ist $\xi \in C_b^q(\mathfrak{U}, \mathcal{O}_{\mathbb{C}^N})$ ein Cozyklus, so gilt

$$\delta\lambda(\xi) = \xi|\mathfrak{W} .$$

11.8. Wir erinnern an einige Bezeichnungen aus der Grauertschen Reduktionstheorie (vgl. [7], § 2): Seien $S \subset B$ ein Unterkeim und $\mathcal{J} \subset \mathbb{C}\{t_1,\ldots,t_m\}$ sein Ideal. Dann nennt man

$$\Delta := \mathbb{N}^m \setminus \operatorname{ord}(\mathcal{J})$$

die Menge der S-reduzierten Indizes. Die S-reduzierten Potenzreihen sind die Reihen der Gestalt

$$f = \sum_{\nu\in\Delta} a_\nu t^\nu .$$

Hilfssatz. Sei $S \subset B$ ein Unterkeim mit definierendem Ideal $\mathcal{J}$ und U eine offene Teilmenge von $\mathbb{C}^N$. Es bezeichne

$$\mathcal{R}_S \subset \Gamma_{\mathcal{B}}(U, \mathcal{O}_{\mathbb{C}^N\times B}) = \Gamma_b(U, \mathcal{O}_{\mathbb{C}^N})\{t\}$$

den Untervektorraum der S-reduzierten Potenzreihen und $\mathcal{H}_S$ den

Untervektorraum aller $f \in \Gamma_{\mathfrak{b}}(U, \mathcal{O}_{\mathbb{C}^N \times B})$ mit $f = 0$ über S. Dann gilt:

i) $\mathcal{K}_S = \mathcal{J}\Gamma_{\mathfrak{b}}(U, \mathcal{O}_{\mathbb{C}^N \times B})$,

ii) $\Gamma_{\mathfrak{b}}(U, \mathcal{O}_{\mathbb{C}^N \times B}) = \mathcal{R}_S \oplus \mathcal{K}_S$.

Dieser Hilfssatz folgt unmittelbar aus dem Grauertschen Divisionssatz (vgl. [7], Satz 2.9).

<u>11.9. Satz.</u> Seien $\mathfrak{W} \ll \mathfrak{U}$ endliche Familien offener Steinscher Mengen im $\mathbb{C}^N$, so daß $|\mathfrak{U}|$ Steinsch ist. Dann gibt es zu jeder natürlichen Zahl $q \geq 1$ einen linearen Morphismus

$$\lambda : C^q_{\mathfrak{b}}(\mathfrak{U}, \mathcal{O}_{\mathbb{C}^N \times B}) \longrightarrow C^{q-1}_{\mathfrak{b}}(\mathfrak{W}, \mathcal{O}_{\mathbb{C}^N \times B})$$

mit folgender Eigenschaft: Ist $S \subset B$ ein Unterkeim und $\xi \in C^q_{\mathfrak{b}}(\mathfrak{U}, \mathcal{O}_{\mathbb{C}^N \times B})$ ein Cozyklus über S, so gilt

$$\delta\lambda(\xi) = \xi|\mathfrak{W} \text{ über } S.$$

<u>Beweis.</u> Die Abbildung λ wird durch koeffizientenweises Anwenden der Abbildung aus Satz (11.7) konstruiert. Ist $\xi \in C^q_{\mathfrak{b}}(\mathfrak{U}, \mathcal{O}_{\mathbb{C}^N \times B})$ ein Cozyklus über B, so gilt $\delta\lambda(\xi) = \xi|\mathfrak{W}$, da alle Koeffizienten von ξ Cozyklen sind.

Sei nun $\xi \in C^q_{\mathfrak{b}}(\mathfrak{U}, \mathcal{O}_{\mathbb{C}^N \times B})$ ein Cozyklus über S. Nach Hilfssatz (11.8) läßt sich ξ darstellen als $\xi = \xi_1 + \xi_2$, wobei ξ_1 reduziert bezüglich S und $\xi_2|S = 0$ ist. Da $\delta\xi_2|S = 0$ und $\delta\xi_1$ reduziert bezüglich S ist, folgt $\delta\xi_1 = 0$. Nach dem oben Bemerkten ist $\delta\lambda(\xi_1) = \xi_1|\mathfrak{W}$; außerdem gilt, weil λ linear über $\mathbb{C}\{t\}$ ist, $\lambda(\xi_2)|S = 0$. Daraus folgt

$$\delta\lambda(\xi) = \xi|\mathfrak{W} \text{ über } S.$$

<u>11.10. Corollar</u> (Projektionslemma). Sei $\mathfrak{U} = (U_i)$ eine endliche Familie offener Steinscher Mengen im $\mathbb{C}^N$, so daß $|\mathfrak{U}|$ Steinsch ist und

$V \subset\subset |\mathfrak{U}|$ eine offene Menge. Dann gibt es einen linearen Morphismus

$$\pi\colon C^{o}_{b}(\mathfrak{U}, \mathcal{O}_{\mathbb{C}^N\times B}) \longrightarrow \Gamma_{b}(V, \mathcal{O}_{\mathbb{C}^N\times B})$$

mit folgender Eigenschaft: Ist $S \subset B$ ein Unterkeim und $\xi = (\xi_i) \in C^{o}_{b}(\mathfrak{U}, \mathcal{O}_{\mathbb{C}^N\times B})$ ein Cozyklus über S, so gilt für alle i

$$\pi(\xi)|U_i \cap V = \xi_i|U_i \cap V \quad \text{über } S.$$

Beweis. Wir wählen eine endliche Familie offener Steinscher Mengen $\mathfrak{W} \ll \mathfrak{U}$ mit $|\mathfrak{W}| = V$. Dann läßt sich $\Gamma_{b}(V, \mathcal{O}_{\mathbb{C}^N\times B})$ mit $Z^{o}_{b}(\mathfrak{W}, \mathcal{O}_{\mathbb{C}^N\times B})$ identifizieren. Es sei λ die Abbildung aus Satz (11.9) für q = 1. Für jedes $\xi \in C^{o}_{b}(\mathfrak{U}, \mathcal{O}_{\mathbb{C}^N\times B})$ ist dann

$$\pi(\xi) := \xi - \lambda(\delta\xi)$$

ein Element aus $Z^{o}_{b}(\mathfrak{W}, \mathcal{O}_{\mathbb{C}^N\times B})$ und man rechnet leicht nach, daß π die gewünschte Eigenschaft besitzt.

11.11. Beweis der Implikation $II_k \Longrightarrow I_{k-1}$.

Wir wählen endliche Familien offener Steinscher Mengen $\mathfrak{W} \ll \mathfrak{U} \ll \mathfrak{D}$ mit folgenden Eigenschaften:

$$V \subset\subset |\mathfrak{W}| \subset\subset |\mathfrak{U}| \subset\subset |\mathfrak{D}| \subset\subset U,$$

$|\mathfrak{U}|$ Steinsch,

$\mathfrak{D} = (D_i)_{i\in I}$, D_i privilegiert.

Es wird nun ein linearer Morphismus

$$\alpha_{k-1}(P)\colon \Gamma_{b}(U, \mathcal{L}_{k-1}) \longrightarrow \Gamma_{b}(V, \mathcal{L}_k),$$

der differenzierbar von $P \in \Gamma_{b}(U, \mathfrak{P})$ abhängt, wie folgt konstruiert: Nach dem privilegierten Aufspaltungslemma (11.5) gibt es für jedes $i \in I$ differenzierbar von P abhängige lineare Morphismen

$$\sigma_{k-1,i}(P)\colon \Gamma_{\mathcal{b}}(D_i,\mathcal{L}_{k-1}) \longrightarrow \Gamma_{\mathcal{b}}(D_i,\mathcal{L}_k).$$

Diese werden zu der Abbildung

$$\sigma_{k-1}(P)\colon C^0_{\mathcal{b}}(\mathcal{V},\mathcal{L}_{k-1}) \longrightarrow C^0_{\mathcal{b}}(\mathcal{V},\mathcal{L}_k)$$

zusammengefaßt. Nach Lemma II_k gibt es einen linearen Morphismus

$$\beta_k(P)\colon C^1_{\mathcal{b}}(\mathfrak{U},\mathcal{L}_k) \longrightarrow C^0_{\mathcal{b}}(\mathfrak{U},\mathcal{L}_k),$$

der differenzierbar von P abhängt. Wir bezeichnen mit

$$\pi\colon C^0_{\mathcal{b}}(\mathfrak{U},\mathcal{L}_k) \longrightarrow \Gamma_{\mathcal{b}}(V,\mathcal{L}_k)$$

die Abbildung aus dem Projektionslemma (11.10). Für $f \in \Gamma_{\mathcal{b}}(U,\mathcal{L}_{k-1})$ sei

$$\tilde{f} := (f|D_i)_{i\in I} \in C^0_{\mathcal{b}}(\mathcal{V},\mathcal{L}_{k-1}).$$

Wir definieren nun

$$\alpha_{k-1}(P)f := \pi(\sigma_{k-1}(P)\tilde{f} - \beta_k(P)\delta\sigma_{k-1}(P)\tilde{f}).$$

Die so konstruierte Abbildung α_{k-1} hat die in Lemma I_{k-1} geforderte Eigenschaft. Sei nämlich $S \subset B$ ein Unterkeim, $P \in \Gamma_{\mathcal{b}}(U,\mathcal{P})$ ein Komplex über S und $f \in \Gamma_{\mathcal{b}}(U,\mathcal{L}_{k-1})$ ein Element mit

$$f \in \operatorname{Im} P_k \text{ über } S.$$

Es ist zu zeigen

$$P_k\alpha_{k-1}(P)f = f \text{ über } S.$$

Nach dem privilegierten Aufspaltungslemma folgt

$$P_k\sigma_{k-1}(P)\tilde{f} = \tilde{f} \text{ über } S.$$

Wir setzen zur Abkürzung

$$\omega := \delta\sigma_{k-1}(P)\tilde{f}.$$

Dann ist $\delta\omega = 0$ und über S gilt

$$P_k\omega = P_k\delta\sigma_{k-1}(P)\tilde{f} = \delta P_k\sigma_{k-1}(P)\tilde{f} = \delta\tilde{f} = 0,$$

d.h.

$$\omega \in \operatorname{Im} P_{k+1} \text{ über } S.$$

Aus II_k folgt somit

$$\beta_k(P)\omega \in \operatorname{Im} P_{k+1} \text{ über } S$$

und

$$\delta\beta_k(P)\omega = \omega \text{ über } S.$$

Für $\zeta := \sigma_{k-1}(P)\tilde{f} - \beta_k(P)\omega$ gilt daher

$$\delta\zeta = \omega - \delta\beta_k(P)\omega = 0 \text{ über } S$$

und

$$P_k\zeta = P_k\sigma_{k-1}(P)\tilde{f} = \tilde{f} \text{ über } S.$$

Aus dem Projektionslemma folgt

$$\pi(\zeta)|V_i \cap V = \zeta_i|V_i \cap V \text{ über } S.$$

Damit haben wir auf $V_i \cap V$

$$P_k\alpha_{k-1}(P)f = P_k\pi(\zeta) = P_k\zeta_i = f \text{ über } S.$$

<u>11.12. Beweis der Implikation</u> II_k & $I_{k-1} \Longrightarrow II_{k-1}$.

Wir wählen endliche Familien $\mathfrak{W}' << \mathfrak{U}'$ offener Steinscher Mengen mit folgenden Eigenschaften

$$\mathfrak{W} << \mathfrak{W}' << \mathfrak{U}' << \mathfrak{U},$$
$$|\mathfrak{W}'|, |\mathfrak{U}'| \quad \text{Steinsch.}$$

Es wird nun ein linearer Morphismus

$$\beta_{k-1}(P): C^q_{\mathcal{B}}(\mathfrak{U}, \mathcal{L}_{k-1}) \longrightarrow C^{q-1}_{\mathcal{B}}(\mathfrak{W}, \mathcal{L}_{k-1}),$$

der differenzierbar von $P \in \Gamma_{\mathcal{B}}(U, \mathfrak{P})$ abhängt, wie folgt konstruiert:

Nach II_k und I_{k-1} gibt es lineare Morphismen

$$\beta_k(P): C^{q+1}_{\mathcal{B}}(\mathfrak{U}', \mathcal{L}_k) \longrightarrow C^q_{\mathcal{B}}(\mathfrak{W}', \mathcal{L}_k),$$

$$\alpha_{k-1}(P): C^q_{\mathcal{B}}(\mathfrak{U}, \mathcal{L}_{k-1}) \longrightarrow C^q_{\mathcal{B}}(\mathfrak{U}', \mathcal{L}_k),$$

die differenzierbar von P abhängen. Wir bezeichnen mit

$$\lambda: C^q_{\mathcal{B}}(\mathfrak{W}', \mathcal{L}_k) \longrightarrow C^{q-1}_{\mathcal{B}}(\mathfrak{W}, \mathcal{L}_k)$$

den nach Satz (11.9) existierenden linearen Morphismus.
Für $\xi \in C^q_{\mathcal{B}}(\mathfrak{U}, \mathcal{L}_{k-1})$ definieren wir nun

$$\beta_{k-1}(P)\xi := P_k\lambda(\alpha_{k-1}(P)\xi - \beta_k(P)\delta\alpha_{k-1}(P)\xi).$$

Die so konstruierte Abbildung β_{k-1} hat die in Lemma II_{k-1} geforderten Eigenschaften. Sei dazu $S \subset B$ ein Unterkeim, $P \in \Gamma_{\mathcal{B}}(U, \mathfrak{P})$ ein Komplex über S und $\xi \in C^q_{\mathcal{B}}(\mathfrak{U}, \mathcal{L}_{k-1})$ eine Cokette mit

$$\xi \in \operatorname{Im} P_k \quad \text{über } S,$$
$$\delta\xi = 0 \quad \text{über } S.$$

Offensichtlich ist $\beta_{k-1}(P)\xi \in \operatorname{Im} P_k$ über S. Es bleibt zu zeigen

$$\delta\beta_{k-1}(P)\xi = \xi \text{ über } S.$$

Beweis hierfür: Nach I_{k-1} gilt

$$P_k \alpha_{k-1}(P)\xi = \xi \text{ über } S.$$

Wir setzen zur Abkürzung

$$\omega := \delta\alpha_{k-1}(P)\xi.$$

Dann ist $\delta\omega = 0$ und über S gilt

$$P_k\omega = \delta P_k \alpha_{k-1}(P)\xi = \delta\xi = 0,$$

d.h.

$$\omega \in \operatorname{Im} P_{k+1} \text{ über } S.$$

Aus II_k folgt somit

$$\beta_k(P)\omega \in \operatorname{Im} P_{k+1} \text{ über } S$$

und

$$\delta\beta_k(P)\omega = \omega \quad \text{über } S.$$

Für $\zeta := \alpha_{k-1}(P)\xi - \beta_k(P)\omega$ gilt daher

$$\delta\zeta = \omega - \delta\beta_k(P)\omega = 0 \text{ über } S$$

und

$$P_k\zeta = P_k\alpha_{k-1}(P)\xi = \xi \quad \text{über } S.$$

Nach Satz (11.9) ist

$$\delta\lambda(\zeta) = \zeta \quad \text{über } S.$$

Insgesamt gilt jetzt über S

$$\delta\beta_{k-1}(P)\xi = \delta P_k\lambda(\zeta) = P_k\delta\lambda(\zeta) = P_k\zeta = \xi,$$

womit das Aufspaltungslemma bewiesen ist.

§ 12. Folgerungen aus dem Aufspaltungslemma

Wir behalten die Bezeichnungen aus § 11 bei.

12.1. Definition der Garbe $\mathcal{T}$.

Für eine offene Menge $U \subset D$ bezeichne $\mathcal{T}(U)$ die Menge aller (N+1)-tupel $T = (T_o, T_1, \ldots, T_N)$ mit folgenden Eigenschaften:

i) $T_j: \mathcal{O}^{\ell_j}_{\mathbb{C}^N \times B} \longrightarrow \mathcal{O}^{\ell_j}_{\mathbb{C}^N \times B}$

ist ein $\mathcal{O}_{\mathbb{C}^N \times B}$-Modulmorphismus über U mit $T_j(0) = 1$ für $j = 1, \ldots, N$.

ii) $T_o = 1: \mathcal{O}_{\mathbb{C}^N \times B} \longrightarrow \mathcal{O}_{\mathbb{C}^N \times B}$ ist die Identität.

12.2. Analog zu (11.2) werden für Elemente $T \in \mathcal{T}(U)$ Normen $\|T\|_{U\rho}$ erklärt. Wir setzen

$$\Gamma_{\mathcal{B}}(U,\mathcal{T}) := \{T \in \mathcal{T}(U) : \exists \rho \in \mathbb{R}^m_{++} \text{ mit } \|T\|_{U\rho} < \infty\}.$$

Der Raum $\Gamma_{\mathcal{B}}(U,\mathcal{T})$ ist in natürlicher Weise ein affiner Raum über dem induktiv normierten $\mathbb{C}\{t\}$-Modul $T\Gamma_{\mathcal{B}}(U,\mathcal{T})$, der durch die Gleichung

$$\Gamma_{\mathcal{B}}(U,\mathcal{T}) = 1 + T\Gamma_{\mathcal{B}}(U,\mathcal{T})$$

definiert ist.

12.3. Sind $P, P' \in \mathcal{P}(U)$ Komplexe über dem Unterkeim $S \subset B$, so definiert ein Element $T \in \mathcal{T}(U)$ einen Komplexmorphismus $P \longrightarrow P'$ über S, falls

$$T[-1]P = P'T \text{ über } S,$$

d.h.

$$T_{j-1}P_j = P'_jT_j \text{ über } S \text{ für } j = 1,\ldots,N.$$

Insbesondere gilt dann

$$P_1 = P_1'T_1 \text{ über } S,$$

d.h. Im P_1 = Im P_1' über S.

<u>12.4. Satz</u> (Transformationslemma). Seien $V \subset\subset U \subset\subset D$ offene Steinsche Mengen. Dann gibt es eine differenzierbare Abbildung

$$\tau: \Gamma_{\mathcal{B}}(U,\mathcal{P}) \times \Gamma_{\mathcal{B}}(U,\mathcal{P}) \longrightarrow \Gamma_{\mathcal{B}}(V,\mathcal{F})$$

mit folgender Eigenschaft: Sei S ein Unterkeim von B. Sind dann $P,P' \in \Gamma_{\mathcal{B}}(U,\mathcal{P})$ Komplexe über S mit Im P_1 = Im P_1' über S, so gilt für $T := \tau(P,P')$

$$T[-1]P = P'T \text{ über } S.$$

<u>Beweis.</u> Wir wählen eine Kette

$$V = V_N \subset\subset \ldots \subset\subset V_1 \subset\subset V_o = U$$

offener Steinscher Mengen und konstruieren durch Induktion $\mathcal{O}_{\mathbb{C}^N\times B}$-Morphismen

$$T_k: \mathcal{L}_k \longrightarrow \mathcal{L}_k \text{ über } V_k,$$

die differenzierbar von P und P' abhängen. Dabei ist $\mathcal{L}_k = \mathcal{O}^{\ell_k}_{\mathbb{C}^N\times B}$.

<u>Induktionsanfang.</u> Wir setzen $T_o = 1$.

<u>Induktionsschritt.</u> Seien $T_o,\ldots,T_{k-1}$ bereits konstruiert. Wir wählen eine offene Steinsche Menge V' mit

$$V_k \subset\subset V' \subset\subset V_{k-1}.$$

Nach Lemma I_{k-1} und I_k gibt es differenzierbar von $P' \in \Gamma_{\mathcal{B}}(U,\mathcal{P})$ abhängige Abbildungen

$$\alpha_{k-1}(P'): \Gamma_{\mathcal{B}}(V_{k-1},\mathcal{L}_{k-1}) \longrightarrow \Gamma_{\mathcal{B}}(V',\mathcal{L}_k),$$

$$\alpha_k(P'): \Gamma_{\mathcal{B}}(V',\mathcal{L}_k) \longrightarrow \Gamma_{\mathcal{B}}(V_k,\mathcal{L}_{k+1}).$$

Bezeichne e_λ, $1 \leq \lambda \leq \ell_k$ die kanonische Basis von $\mathcal{L}_k$. Wir setzen

$$g_\lambda := \alpha_{k-1}(P')T_{k-1}P_k e_\lambda$$

und definieren T_k durch

$$T_k e_\lambda := g_\lambda + P'_{k+1}\alpha_k(P')(e_\lambda - g_\lambda).$$

<u>Behauptung:</u> Die durch

$$\tau(P,P') := (T_o,\ldots,T_N)$$

gegebene Abbildung hat die gewünschten Eigenschaften.

<u>Beweis.</u> a) Wir zeigen zunächst, daß $T_k(0) = 1$ für $k = 0,\ldots,N$. Für T_o ist dies trivial. Wir können also annehmen, daß $T_{k-1}(0) = 1$. Dann gilt

$$g_\lambda(0) = \alpha_{k-1}(P^o)P_k^o e_\lambda \ ,$$

also

$$P_k^o g_\lambda(0) = P_k^o \alpha_{k-1}(P^o)P_k^o e_\lambda = P_k^o e_\lambda \ .$$

Daraus folgt

$$e_\lambda - g_\lambda(0) \in \mathrm{Ker}\, P_k^o = \mathrm{Im}\, P_{k+1}^o$$

und weiter

$$T_k(0)e_\lambda = g_\lambda(0) + P_{k+1}^o \alpha_k(P^o)(e_\lambda - g_\lambda(0)) = e_\lambda \ .$$

b) Seien $P,P' \in \Gamma_{\mathcal{B}}(U,\mathcal{P})$ Komplexe über dem Unterkeim $S \subset B$ mit $\mathrm{Im}\, P_1 = \mathrm{Im}\, P'_1$ über S. Wir zeigen durch Induktion über k

$$T_{k-1}P_k = P_k'T_k \text{ über } S.$$

Für k = 1 gilt

$$P_1'T_1e_\lambda = P_1'g_\lambda = P_1'\alpha_o(P')P_1e_\lambda = P_1e_\lambda \text{ über } S,$$

da $P_1e_\lambda \in \operatorname{Im} P_1'$ über S.
Sei die Behauptung für k-1 schon bewiesen. Dann gilt über S

$$P_{k-1}'(T_{k-1}P_ke_\lambda) = T_{k-2}P_{k-1}P_ke_\lambda = 0,$$

d.h.

$$T_{k-1}P_ke_\lambda \in \operatorname{Im} P_k' \text{ über } S.$$

Daraus folgt

$$P_k'T_ke_\lambda = P_k'g_\lambda = P_k'\alpha_{k-1}(P')T_{k-1}P_ke_\lambda =$$
$$= T_{k-1}P_ke_\lambda \text{ über } S.$$

12.5. Wir beweisen jetzt eine Verallgemeinerung des Projektionslemmas (11.10).

Satz (Verklebungslemma). Seien $V \subset\subset U \subset\subset D$ Steinsche offene Mengen und $\mathfrak{U} = (U_i)_{i\in I}$ eine endliche Familie Steinscher offener Mengen in D mit

$$V \cap X \subset\subset |\mathfrak{U}| \subset U.$$

Dann gibt es eine differenzierbare Abbildung

$$\kappa\colon \Gamma_{\mathscr{b}}(U,\mathcal{P}) \longrightarrow \operatorname{Hom}_{\mathbb{C}\{t\}}(C^o_{\mathscr{b}}(\mathfrak{U}, \mathcal{O}_{\mathbb{C}^N\times B}), \Gamma_{\mathscr{b}}(V, \mathcal{O}_{\mathbb{C}^N\times B}))$$

mit folgender Eigenschaft: Sei $S \subset B$ ein Unterkeim, $P \in \Gamma_{\mathscr{b}}(U,\mathcal{P})$ ein Komplex über S und $\xi = (\xi_i) \in C^o_{\mathscr{b}}(\mathfrak{U}, \mathcal{O}_{\mathbb{C}^N\times B})$ eine Cokette mit

$$\xi_i \equiv \xi_j \bmod \operatorname{Im} P_1 \text{ über } S.$$

Dann gilt für $f := \kappa(P)\xi \in \Gamma_{\mathcal{b}}(V, \mathcal{O}_{\mathbb{C}^N \times B})$

$$f|U_i \cap V \equiv \xi_i|U_i \cap V \text{ mod Im } P_1 \text{ über } S.$$

<u>Beweis.</u> Wir zeigen zunächst, daß man annehmen darf, daß $|\mathfrak{U}| = U$. Ist dies nicht der Fall, so ersetze man $\mathfrak{U}$ durch eine endliche Familie $\tilde{\mathfrak{U}} = (\tilde{U}_k)_{k\in I\cup J}$, $I \cap J = \emptyset$, offener Steinscher Mengen in D mit folgenden Eigenschaften:

i) $\tilde{U}_i \subset U_i$ für alle $i \in I$

ii) $\tilde{U}_j \cap X = \emptyset$ für alle $j \in J$

iii) $\tilde{U} := |\tilde{\mathfrak{U}}|$ ist Steinsch und es gilt

$$V \subset\subset \tilde{U} \subset U.$$

Man hat dann einen linearen Morphismus

$$C^0_{\mathcal{b}}(\mathfrak{U}, \mathcal{O}_{\mathbb{C}^N \times B}) \longrightarrow C^0_{\mathcal{b}}(\tilde{\mathfrak{U}}, \mathcal{O}_{\mathbb{C}^N \times B}),$$

der einer Familie $(\xi_i)_{i\in I}$ die Familie $(\tilde{\xi}_k)_{k\in I\cup J}$ mit

$$\tilde{\xi}_i = \xi_i|\tilde{U}_i \quad \text{für } i \in I,$$
$$\tilde{\xi}_j = 0 \quad \text{für } j \in J$$

zuordnet.

Wir nehmen also jetzt an, daß $|\mathfrak{U}| = U$. Wir wählen eine endliche Familie $\mathfrak{U}' << \mathfrak{U}$ offener Steinscher Mengen mit $|\mathfrak{U}'|$ Steinsch und $V \subset\subset |\mathfrak{U}'|$. Nach Lemma II_0 gibt es einen differenzierbar von $P \in \Gamma_{\mathcal{b}}(U, \mathcal{P})$ abhängigen linearen Morphismus

$$\beta_0(P): C^1_{\mathcal{b}}(\mathfrak{U}, \mathcal{O}_{\mathbb{C}^N \times B}) \longrightarrow C^0_{\mathcal{b}}(\mathfrak{U}', \mathcal{O}_{\mathbb{C}^N \times B}).$$

Sei

$$\pi: C^0_{\mathcal{b}}(\mathfrak{U}', \mathcal{O}_{\mathbb{C}^N \times B}) \longrightarrow \Gamma_{\mathcal{b}}(V, \mathcal{O}_{\mathbb{C}^N \times B})$$

der nach dem Projektionslemma (11.10) existierende lineare Morphismus. Nun setzen wir für $\xi \in C^{o}_{\mathcal{B}}(\mathfrak{U}, \mathcal{O}_{\mathbb{C}^N \times B})$

$$\kappa(P)\xi := \pi(\xi - \beta_o(P)\delta\xi).$$

Die so konstruierte Abbildung κ hat die geforderten Eigenschaften. Sei dazu $S \subset B$ ein Unterkeim, $P \in \Gamma_{\mathcal{B}}(U, \mathfrak{P})$ ein Komplex über S und $\xi = (\xi_i) \in C^{o}_{\mathcal{B}}(\mathfrak{U}, \mathcal{O}_{\mathbb{C}^N \times B})$ eine Cokette mit

$$\xi_i \equiv \xi_j \text{ mod Im } P_1 \text{ über } S.$$

Dann gilt $\delta\xi \in \text{Im } P_1$ über S. Aus Lemma II_o folgt daher

$$\beta_o(P)\delta\xi \in \text{Im } P_1 \text{ über } S,$$

$$\delta(\beta_o(P)\delta\xi) = \delta\xi \text{ über } S.$$

Setzen wir zur Abkürzung

$$\zeta := \xi - \beta_o(P)\delta\xi ,$$

so gilt bzgl. der Überdeckung $\mathfrak{U}'$ über S

$$\delta\zeta = \delta\xi - \delta(\beta_o(P)\delta\xi) = \delta\xi - \delta\xi = 0$$

und

$$\zeta \equiv \xi \text{ mod Im } P_1.$$

Aus dem Projektionslemma folgt nun, daß auf $U_i \cap V$ gilt

$$\kappa(P)\xi = \pi(\zeta) = \zeta_i \equiv \xi_i \text{ mod Im } P_1 \text{ über } S.$$

<u>12.6.</u> Wir erinnern an die in § 10 eingeführten Garben $\mathcal{G}$ und $\mathcal{g}$.

<u>Lemma</u> (Automorphismenprojektion). Seien $V \subset\subset U \subset\subset D$ offene Steinsche Mengen. Dann gibt es eine differenzierbare Abbildung

$$\gamma : \Gamma_{\mathcal{b}}(U,\tilde{\mathcal{P}}) \longrightarrow \mathrm{Hom}_{\mathbb{C}\{t\}}(\Gamma_{\mathcal{b}}(U,\mathcal{G}),\Gamma_{\mathcal{b}}(V,\mathcal{G}))$$

mit folgender Eigenschaft: Ist $P \in \Gamma_{\mathcal{b}}(U,\tilde{\mathcal{P}})$ und $h \in \Gamma_{\mathcal{b}}(U,\mathcal{G})$ ein Element mit

$$h(0) \equiv \mathrm{id} \mod \mathrm{Im}\, P_1^o ,$$

so gilt

$$\gamma(P)h \equiv h \mod \mathrm{Im}\, P_1 .$$

Beweis. Nach dem Aufspaltungslemma (11.3) gibt es einen differenzierbar von $P \in \Gamma_{\mathcal{b}}(U,\tilde{\mathcal{P}})$ abhängigen linearen Morphismus

$$\alpha(P) : \Gamma_{\mathcal{b}}(U, \mathcal{O}_{\mathbb{C}^N\times B})^N \longrightarrow \Gamma_{\mathcal{b}}(V, \mathcal{O}^{\ell_1}_{\mathbb{C}^N\times B})^N .$$

Für $h \in \Gamma_{\mathcal{b}}(U, \mathcal{O}_{\mathbb{C}^N\times B})^N = \Gamma_{\mathcal{b}}(U,\mathcal{G})$ definieren wir nun

$$\eta := h - P_1\alpha(P)(h-\mathrm{id})$$

und

$$\gamma(P)h := \mathrm{id} + (\eta - \eta(0)).$$

Sei nun vorausgesetzt, daß

$$h(0) \equiv \mathrm{id} \mod \mathrm{Im}\, P_1^o .$$

Bezeichnet $S_o \subset B$ den durch das maximale Ideal von $\mathbb{C}\{t\}$ definierten Unterkeim, so gilt also

$$h - \mathrm{id} \in (\mathrm{Im}\, P_1)^N \text{ über } S_o .$$

Da P ein Komplex über S_o ist, folgt aus dem Aufspaltungslemma

$$P_1\alpha(P)(h-\mathrm{id}) = h - \mathrm{id} \quad \text{über } S_o ,$$

also $\eta(0) = \mathrm{id}$ und somit

$$\gamma(P)h = \eta \equiv h \mod \operatorname{Im} P_1.$$

12.7. Corollar. Seien $V \subset\subset U \subset\subset D$ Steinsche offene Mengen und $\mathfrak{U} = (U_i)_{i\in I}$ eine endliche Familie Steinscher offener Mengen in D mit

$$V \cap X \subset\subset |\mathfrak{U}| \subset U.$$

Dann gibt es eine differenzierbare Abbildung

$$\pi\colon \Gamma_{\mathfrak{b}}(U,\mathfrak{P}) \longrightarrow \operatorname{Hom}_{\mathbb{C}\{t\}}(C^0_{\mathfrak{b}}(\mathfrak{U},\mathfrak{H}),\Gamma_{\mathfrak{b}}(V,\mathfrak{G}))$$

mit folgender Eigenschaft: Ist $P \in \Gamma_{\mathfrak{b}}(U,\mathfrak{P})$ ein Komplex über S und $h = (h_i) \in C^0_{\mathfrak{b}}(\mathfrak{U},\mathfrak{H})$ eine Cokette mit

$$h(0) \equiv \mathrm{id} \mod \operatorname{Im} P^0_1$$

und

$$h_i \equiv h_j \mod \operatorname{Im} P_1 \text{ über } S,$$

so gilt für $g := \pi(P)h$ auf $V \cap U_i$

$$g \equiv h_i \mod \operatorname{Im} P_1 \text{ über } S.$$

Beweis. Dies folgt durch Hintereinanderschalten des Verklebungslemmas (12.5) und der Automorphismenprojektion (12.6).

§ 13. Theorem B für Deformationen

Das Ziel dieses Paragraphen ist der Beweis eines Analogons von Theorem B für Deformationen, d.h. eine Aussage über das Zerfallen von gewissen Cozyklen, die eine Deformation eines analytischen Unterraumes eines Quaders beschreiben. Dazu benötigen wir zunächst einige Heftungslemmata.

13.1. Der folgende Satz ist wohlbekannt (vgl. z.B. [6], § 6, Prop.1).

Satz (Heftungslemma für $\mathcal{O}_{\mathbb{C}^N}$). Seien U_1, U_2 heftbare offene Quader im $\mathbb{C}^N$. Dann gibt es eine stetige lineare Abbildung

$$\alpha = (\alpha_1,\alpha_2): \Gamma_b(U_1 \cap U_2, \mathcal{O}_{\mathbb{C}^N}) \longrightarrow \Gamma_b(U_1, \mathcal{O}_{\mathbb{C}^N}) \times \Gamma_b(U_2, \mathcal{O}_{\mathbb{C}^N})$$

mit

$$f = \alpha_2(f) - \alpha_1(f) \text{ auf } U_1 \cap U_2$$

für alle $f \in \Gamma_b(U_1 \cap U_2, \mathcal{O}_{\mathbb{C}^N})$.

Zur Definition der heftbaren Quader vgl. [7], § 5,1.

13.2. Durch Anwendung des obigen Satzes auf die Koeffizienten der Potenzreihenentwicklung von Elementen aus $\Gamma_{\mathcal{B}}(U_1 \cap U_2, \mathcal{O}_{\mathbb{C}^N \times B})$ erhält man die folgende Aussage.

Satz (Heftungslemma für $\mathcal{O}_{\mathbb{C}^N \times B}$). Seien U_1, U_2 heftbare offene Quader im $\mathbb{C}^N$. Dann gibt es einen linearen Morphismus

$$\alpha = (\alpha_1,\alpha_2): \Gamma_{\mathcal{B}}(U_1 \cap U_2, \mathcal{O}_{\mathbb{C}^N \times B}) \longrightarrow \Gamma_{\mathcal{B}}(U_1, \mathcal{O}_{\mathbb{C}^N \times B}) \times \Gamma_{\mathcal{B}}(U_2, \mathcal{O}_{\mathbb{C}^N \times B})$$

mit

$$f = \alpha_2(f) - \alpha_1(f) \text{ auf } U_1 \cap U_2$$

für alle $f \in \Gamma_{\mathcal{B}}(U_1 \cap U_2, \mathcal{O}_{\mathbb{C}^N \times B})$.

13.3. Wir erinnern an die in (12.1) definierte Garbe $\mathcal{F}$.

Satz (Heftungslemma für $\mathcal{F}$). Seien U_1, U_2 heftbare offene Quader im $\mathbb{C}^N$. Dann gibt es eine differenzierbare Abbildung

$$\alpha = (\alpha_1, \alpha_2): \ \Gamma_{\mathcal{b}}(U_1 \cap U_2, \mathcal{F}) \longrightarrow \Gamma_{\mathcal{b}}(U_1, \mathcal{F}) \times \Gamma_{\mathcal{b}}(U_2, \mathcal{F})$$

mit $\alpha(1) = (1,1)$ und

$$T = \alpha_2(T)\alpha_2(T)^{-1} \ \text{auf} \ U_1 \cap U_2$$

für alle $T \in \Gamma_{\mathcal{b}}(U_1 \cap U_2, \mathcal{F})$.

Beweis. Wir betrachten die Abbildung

$$\Phi: \ \Gamma_{\mathcal{b}}(U_1 \cap U_2, \mathcal{F}) \times \Gamma_{\mathcal{b}}(U_1, \mathcal{F}) \times \Gamma_{\mathcal{b}}(U_2, \mathcal{F}) \longrightarrow T\Gamma_{\mathcal{b}}(U_1 \cap U_2, \mathcal{F}),$$

$$(T, T_1, T_2) \longmapsto TT_1 - T_2.$$

Die Abbildung ist differenzierbar und für ihr partielles Differential bzgl. des zweiten und dritten Arguments an der Stelle $(1,1,1)$

$$D_{23}\Phi(1,1,1): \ T\Gamma_{\mathcal{b}}(U_1, \mathcal{F}) \times T\Gamma_{\mathcal{b}}(U_2, \mathcal{F}) \longrightarrow T\Gamma_{\mathcal{b}}(U_1 \cap U_2, \mathcal{F})$$

gilt

$$D_{23}\Phi(1,1,1)(\tau_1, \tau_2) = \tau_1 - \tau_2.$$

Dieser lineare Morphismus besitzt nach (13.2) einen Schnitt. Die Behauptung folgt deshalb aus dem impliziten Funktionentheorem (8.9).

13.4. Das folgende Heftungslemma für die Garbe $\mathcal{G}$ der vertikalen Automorphismen wird analog zu [8], Satz 3.3, mithilfe von (10.6) bewiesen.

Satz (Heftungslemma für $\mathcal{G}$). Seien U_1, U_2 heftbare offene Quader im $\mathbb{C}^N$ und V eine offene Umgebung von $\overline{U_1 \cap U_2}$. Dann gibt es eine differenzierbare Abbildung

$$\beta = (\beta_1, \beta_2): \ \Gamma_{\mathcal{b}}(V, \mathcal{G}) \longrightarrow \Gamma_{\mathcal{b}}(U_1, \mathcal{G}) \times \Gamma_{\mathcal{b}}(U_2, \mathcal{G})$$

mit $\beta(\text{id}) = (\text{id}, \text{id})$ und

$$g = \beta_2(g) \circ \beta_1(g)^{-1} \ \text{auf} \ U_1 \cap U_2$$

für alle $g \in \Gamma_{\mathfrak{b}}(V,\mathfrak{g})$.

13.5. Satz (Heftungslemma für Deformationen).
Seien $\mathfrak{U} = (U_1,U_2)$ und $\mathfrak{V} = (V_1,V_2)$ Paare heftbarer offener Quader in D mit $\mathfrak{V} \ll \mathfrak{U}$. Dann gibt es eine differenzierbare Abbildung

$$\gamma\colon C^0_{\mathfrak{b}}(\mathfrak{U},\mathfrak{P}) \times \Gamma_{\mathfrak{b}}(U_1 \cap U_2,\mathfrak{g}) \longrightarrow \Gamma_{\mathfrak{b}}(V_1 \cup V_2,\mathfrak{P}) \times C^0_{\mathfrak{b}}(\mathfrak{V},\mathfrak{g})$$

mit folgender Eigenschaft: Ist $S \subset B$ ein Unterkeim und

$$(P_1,P_2,g) \in C^0_{\mathfrak{b}}(\mathfrak{U},\mathfrak{P}) \times \Gamma_{\mathfrak{b}}(U_1 \cap U_2,\mathfrak{g})$$

ein Element mit

$$g\colon (P_1) \longrightarrow (P_2) \text{ über } S,$$

so ist mit $\gamma(P_1,P_2,g) =: (\Pi,h_1,h_2)$ das Diagramm

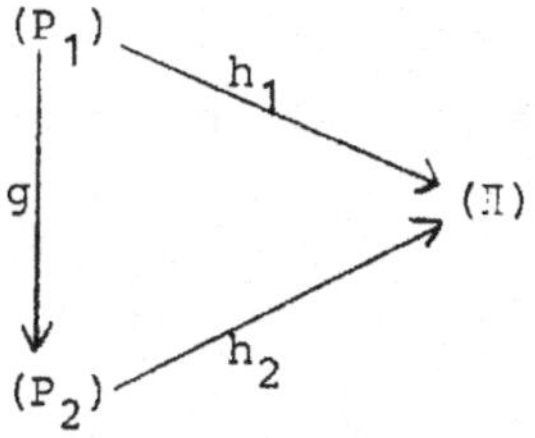

kommutativ über S.
Die hier benutzten Sprechweisen wurden in (4.4) eingeführt.

Beweis. Wir wählen Paare heftbarer offener Quader $\mathfrak{U}' = (U_1',U_2')$ und $\mathfrak{V}' = (V_1',V_2')$ mit

$$\mathfrak{V} \ll \mathfrak{V}' \ll \mathfrak{U}' \ll \mathfrak{U}.$$

Die Abbildung γ wird wie folgt konstruiert:
Sei

$$(P_1,P_2,g) \in C^0_{\mathfrak{b}}(\mathfrak{U},\mathfrak{P}) \times \Gamma_{\mathfrak{b}}(U_1 \cap U_2,\mathfrak{g})$$

vorgegeben. Nach dem Heftungslemma für die Garbe $\mathcal{G}$ gibt es ein von g differenzierbar abhängiges Paar $(g_1,g_2) \in C^0_{\mathcal{B}}(\mathfrak{U}',\mathcal{G})$ mit

$$g = g_2 g_1^{-1} \text{ auf } U_1' \cap U_2'.$$

Auf das Paar $(P_1(g_1),P_2(g_2)) \in C^0_{\mathcal{B}}(\mathfrak{U}',\mathcal{P})$ wenden wir das Transformations-lemma (12.4) an und erhalten ein

$$T := \tau(P_1(g_1),P_2(g_2)) \in \Gamma_{\mathcal{B}}(V_1' \cap V_2',\mathcal{T}).$$

Nach dem Heftungslemma für die Garbe $\mathcal{T}$ gibt es ein von T differenzierbar abhängiges Paar $(T_1,T_2) \in C^0_{\mathcal{B}}(\mathfrak{W}',\mathcal{T})$ mit

$$T = T_2 T_1^{-1} \text{ auf } V_1' \cap V_2'.$$

Auf das Paar

$$\xi := (T_1^{-1}[-1]P_1(g_1)T_1, T_2^{-1}[-1]P_2(g_2)T_2) \in C^0_{\mathcal{B}}(\mathfrak{W}',\mathcal{P})$$

wenden wir das Projektionslemma (11.10) an und erhalten

$$\Pi := \pi(\xi) \in \Gamma_{\mathcal{B}}(V_1 \cup V_2,\mathcal{P}).$$

Wir setzen noch

$$h_i := g_i^{-1} \in \Gamma_{\mathcal{B}}(V_i,\mathcal{G})$$

und definieren

$$\gamma(P_1,P_2,g) := (\Pi,h_1,h_2).$$

Die so konstruierte differenzierbare Abbildung γ hat die gewünschte Eigenschaft. Sei nämlich $S \subset B$ ein Unterkeim und es gelte

$$g: (P_1) \longrightarrow (P_2) \text{ über } S.$$

Dann folgt

$$(P_1(g_1)) = (P_2(g_2)) \text{ über } S,$$

also nach dem Transformationslemma

$$T[-1]P_1(g_1) = P_2(g_2)T \text{ über } S,$$

woraus sich ergibt

$$T_1^{-1}[-1]P_1(g_1)T_1 = T_2^{-1}[-1]P_2(g_2)T_2 \text{ über } S.$$

Daraus folgt $P_i(g_i)T_i = T_i[-1]\Pi$ auf V_i über S, d.h.

$$h_i: (P_i) \longrightarrow (\Pi) \text{ über } S.$$

Außerdem gilt $h_1 = h_2 g$.

13.6. Satz (Theorem B für Deformationen).
Seien $V \subset\subset U$ offene Quader in D und $\mathfrak{W} << \mathfrak{U}$ endliche Familien offener Steinscher Mengen mit $X \cap V \subset |\mathfrak{W}| \subset V$ und $X \cap U \subset |\mathfrak{U}| \subset U$. Dann gibt es eine differenzierbare Abbildung

$$\vartheta : C^1_{\mathfrak{b}}(\mathfrak{U};\mathfrak{P},\mathfrak{g}) \longrightarrow \Gamma_{\mathfrak{b}}(V,\mathfrak{P}) \times C^0_{\mathfrak{b}}(\mathfrak{W},\mathfrak{g})$$

mit folgender Eigenschaft: Ist $S \subset B$ ein Unterkeim und $(P,g) \in C^1_{\mathfrak{b}}(\mathfrak{U};\mathfrak{P},\mathfrak{g})$ ein Cozyklus über S, so zerfällt (P,g) bzgl. $\mathfrak{W}$ über S in $\vartheta(P,g)$.

Beweis. Aufgrund des Cousinschen Induktionsprinzips genügt es, die folgende Aussage zu beweisen.
Vorgegeben seien folgende Objekte:

i) Offene heftbare Quader Q_1, Q_2 mit $Q_k \subset\subset U$.
ii) Ein offener Quader $Q \subset\subset Q_1 \cup Q_2$.
iii) Endliche Familien Steinscher offener Mengen

$\mathfrak{U}', \mathfrak{W}'$ mit $\mathfrak{W} << \mathfrak{W}' << \mathfrak{U}' << \mathfrak{U}$ und $X \cap (Q_1 \cup Q_2) \subset\subset |\mathfrak{U}'|$, $X \cap Q \subset\subset |\mathfrak{W}'|$.

iv) Für $k = 1,2$ differenzierbare Abbildungen

$$\vartheta_{Q_k}: C^1_{\mathcal{B}}(\mathfrak{U};\mathfrak{P},\mathfrak{g}) \longrightarrow \Gamma_{\mathcal{B}}(Q_k,\mathfrak{P}) \times C^0_{\mathcal{B}}(\mathfrak{U}'\cap Q_k,\mathfrak{g})$$

mit folgender Eigenschaft: Ist $S \subset B$ ein Unterkeim und $(P,g) \in C^1_{\mathcal{B}}(\mathfrak{U};\mathfrak{P},\mathfrak{g})$ ein Cozyklus über S, so zerfällt (P,g) bzgl. $\mathfrak{U}' \cap Q_k$ über S in $\vartheta_{Q_k}(P,g)$.

<u>Behauptung.</u> Es gibt eine differenzierbare Abbildung

$$\vartheta_{Q}: C^1_{\mathcal{B}}(\mathfrak{U};\mathfrak{P},\mathfrak{g}) \longrightarrow \Gamma_{\mathcal{B}}(Q,\mathfrak{P}) \times C^0_{\mathcal{B}}(\mathfrak{W}'\cap Q,\mathfrak{g})$$

mit der analogem Eigenschaft.

<u>Beweis dafür:</u> Wir wählen eine endliche Familie $\mathfrak{U}''$ mit

$$\mathfrak{W}' \ll \mathfrak{U}'' \ll \mathfrak{U}' \text{ und } X \cap (Q_1 \cup Q_2) \subset\subset |\mathfrak{U}''| ,$$

Paare heftbarer offener Quader (Q_1', Q_2') und (Q_1'', Q_2'') mit

$$Q_k'' \subset\subset Q_k' \subset\subset Q_k \text{ und } Q \subset\subset Q_1'' \cup Q_2'',$$

sowie einen offenen Quader W mit

$$Q_1' \cap Q_2' \subset\subset W \subset\subset Q_1 \cap Q_2 .$$

Für $(P,g) \in C^1_{\mathcal{B}}(\mathfrak{U};\mathfrak{P},\mathfrak{g})$ konstruieren wir jetzt $\vartheta_Q(P,g)$ in mehreren Schritten.

a) Sei $\vartheta_{Q_k}(P,g) =: (\Pi_k, f_k)$,

$$\Pi_k \in \Gamma_{\mathcal{B}}(Q_k,\mathfrak{P}),$$
$$f_k = (f_i^{(k)}) \in C^0_{\mathcal{B}}(\mathfrak{U}'\cap Q_k,\mathfrak{g}).$$

Dann ist

$$f_1\, f_2^{-1} = (f_i^{(1)} \circ (f_i^{(2)})^{-1}) \in C^0_{\mathcal{B}}(\mathfrak{U}''\cap W,\mathfrak{g}).$$

b) Nach dem Verklebungslemma (12.5) gibt es einen differenzierbar von Π_2 abhängigen linearen Morphismus

$$\kappa(\Pi_2): C^0_{\mathcal{B}}(\mathfrak{U}''\cap W, \mathfrak{g}) \longrightarrow \Gamma_{\mathcal{B}}(Q_1'\cap Q_2', \mathfrak{g}).$$

Wir setzen

$$f := \kappa(\Pi_2)(f_1\circ f_2^{-1}).$$

c) Das Heftungslemma für Deformationen bezüglich der Quaderpaare (Q_1',Q_2') und (Q_1'',Q_2'') angewendet auf (Π_1,Π_2,f) liefert

$$(\Pi,\varphi_1,\varphi_2) := \gamma(\Pi_1,\Pi_2,f).$$

Dabei ist

$$\Pi \in \Gamma_{\mathcal{B}}(Q_1''\cup Q_2'',\mathfrak{P}),\ \varphi_k \in \Gamma_{\mathcal{B}}(Q_k'',\mathfrak{g}).$$

d) Das Verklebungslemma (12.5) liefert differenzierbar von P abhängige lineare Morphismen

$$\kappa_i(P): C^0_{\mathcal{B}}(U_i''\cap(Q_1'',Q_2''),\mathfrak{g}) \longrightarrow \Gamma_{\mathcal{B}}(V_i'\cap Q,\mathfrak{g}).$$

Wir setzen

$$h_i := \kappa_i(P)(\varphi_1\circ f_i^{(1)},\varphi_2\circ f_i^{(2)})$$

und definieren

$$\vartheta_Q(P,g) := (\Pi,h_i).$$

Die so konstruierte Abbildung ϑ_Q ist differenzierbar und erfüllt die gewünschte Bedingung. Sei nämlich $S\subset B$ ein Unterkeim und $(P,g) \in C^1_{\mathcal{B}}(\mathfrak{U};\mathfrak{P},\mathfrak{g})$ ein Cozyklus über S.

Nach (a) ist auf $U'_i \cap U'_j \cap Q_1 \cap Q_2$ das Diagramm

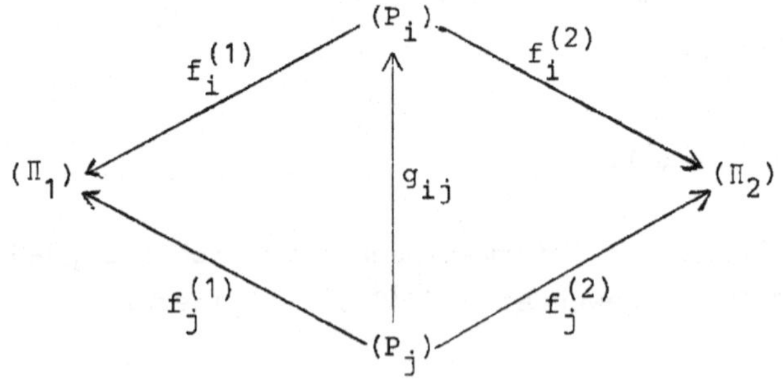

über S kommutativ, woraus folgt

$$f_j^{(1)} \circ \left(f_j^{(2)}\right)^{-1} \equiv f_i^{(1)} \circ \left(f_i^{(2)}\right)^{-1} \quad \text{mod } (\Pi_2) \text{ über } S.$$

Nach (b) gilt deshalb

$$f \equiv f_i^{(1)} \circ \left(f_i^{(2)}\right)^{-1} \quad \text{mod } (\Pi_2) \text{ über } S,$$

d.h.

$$f\colon (\Pi_2) \longrightarrow (\Pi_1) \text{ über } S.$$

Mit (c) ergibt sich nun das über S kommutative Diagramm

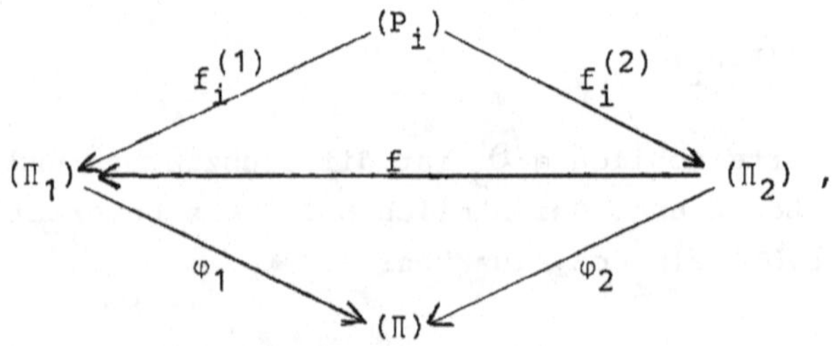

also $\varphi_1 \circ f_i^{(1)} \equiv \varphi_2 \circ f_i^{(2)}$ mod (P_i) über S.

Nach (d) ist deshalb

$$h_i \equiv \varphi_k \circ f_i^{(k)} \quad \text{mod } (P_i) \text{ über } S.$$

Insgesamt gilt jetzt mod (P_j) über S

$$h_i \circ g_{ij} \equiv \varphi_k \circ f^{(k)} \circ g_{ij} \equiv \varphi_k \circ f_i^{(k)} \circ \left(f_i^{(k)}\right)^{-1} \circ f_j^{(k)}$$

$$\equiv \varphi_k \circ f_j^{(k)} \equiv h_j \ ,$$

d.h. aber, daß der Cozyklus (P,g) über S in (Π,h) zerfällt.

§ 14. Glättungssatz erster Art

14.1. Wir legen die in § 5 eingeführten Bezeichnungen und Begriffe zugrunde. Für eine adaptierte Überdeckung $\mathfrak{U}$ von X sind in naheliegender Weise die über induktiv normierten $\mathbb{C}\{t\}$-Moduln affinen Räume

$$C^0_b(\mathfrak{U},\mathfrak{g}) \subset C^0(\mathfrak{U},\mathfrak{g}),$$
$$C^1_b(\mathfrak{U};\mathfrak{P},\mathfrak{g}) \subset C^1(\mathfrak{U};\mathfrak{P},\mathfrak{g})$$

definiert, vgl. (5.6).

Zweck des vorliegenden Paragraphen ist der Beweis des folgenden Glättungssatzes, der es erlaubt, einen Cozyklus von Deformationen durch einen cohomologen auf einer glatteren (= größeren) Überdeckung zu ersetzen.

14.2. Satz (Glättungssatz erster Art). Sei $\mathfrak{M} \ll \mathfrak{V} \ll \mathfrak{U}$ eine Kette adaptierter Überdeckungen des eingespannten kompakten komplexen Raumes X. Dann gibt es eine differenzierbare Abbildung

$$\Omega\colon C^1_b(\mathfrak{V};\mathfrak{P},\mathfrak{g}) \longrightarrow C^1_b(\mathfrak{U};\mathfrak{P},\mathfrak{g}) \times C^0_b(\mathfrak{M},\mathfrak{g})$$

mit folgenden Eigenschaften: Ist $S \subset B$ ein Unterkeim, $(P,g) \in C^1_b(\mathfrak{V};\mathfrak{P},\mathfrak{g})$ ein Cozyklus über S und

$$(\Pi,G;h) := \Omega(P,g),$$

so ist (Π,G) ein Cozyklus über S und bzgl. $\mathfrak{M}$ gilt

$$h\colon (P,g) \longrightarrow (\Pi,G) \text{ über } S.$$

Beweis. Wir wählen adaptierte Überdeckungen $\mathfrak{U}^\nu = (U^\nu_i,E^\nu_i)$ und $\mathfrak{M}^\nu = (W^\nu_i,F^\nu_i)$, $1 \leq \nu \leq 5$ mit

$$\mathfrak{U}^\nu \gg \mathfrak{U}^{\nu+1} \gg \mathfrak{V} \gg \mathfrak{M}^\nu \gg \mathfrak{M}^{\nu+1}$$

und

$$\mathfrak{n}^5 = \mathfrak{n} \quad , \quad \mathfrak{w}^5 = \mathfrak{w} \; .$$

Für $(P,g) \in C^1_{\mathcal{b}}(\mathfrak{w};\mathcal{P},\mathfrak{g})$ konstruieren wir jetzt $\Omega(P,g)$ in mehreren Schritten.

a) Transport auf die Karte α.

Sei ein $\alpha \in I$ fest gewählt. Für $i,j \in I$ definieren wir offene Teilmengen von D_α wie folgt:

$$R^\nu_{\alpha,i} := u_{\alpha i}(E^\nu_{i\alpha} \cap F^\nu_i),$$

$$R^\nu_{\alpha,ij} := u_{\alpha j}(E^\nu_{j\alpha} \cap u_{ji}(E^\nu_{i\alpha} \cap F^\nu_{ij})).$$

Für diese Mengen gilt:

$$\phi^{-1}_\alpha(R^\nu_{\alpha,i}) = U^\nu_\alpha \cap W^\nu_i,$$

$$\phi^{-1}(R^\nu_{\alpha,ij}) = U^\nu_\alpha \cap (W^\nu_i \cap W^\nu_j).$$

Da $M^o_{\alpha i}[-1]P^o_i(u_{i\alpha}) = P^o_\alpha M^o_{\alpha i}$ nach (5.4.c), können wir definieren

$$P_i[\alpha] := M^o_{\alpha i}[-1]P_i(u_{i\alpha})(M^o_{\alpha i})^{-1} \in \Gamma_{\mathcal{b}}(R^1_{\alpha,i},\mathcal{P}_\alpha).$$

Es gilt

$$g_{ij}(\alpha) := u_{\alpha i}(g_{ij}u_{ij})u_{j\alpha} \in \Gamma_{\mathcal{b}}(R^1_{\alpha,ij},\mathfrak{G}).$$

Auf dieses Element wenden wir die Automorphismenprojektion

$$\pi(P_j[\alpha]) : \Gamma_{\mathcal{b}}(R^1_{\alpha,ij},\mathfrak{G}) \longrightarrow \Gamma_{\mathcal{b}}(R^2_{\alpha,i} \cap R^2_{\alpha,j},\mathfrak{g})$$

aus Corollar (12.7) an und erhalten

$$g_{ij}[\alpha] := \pi(P_j[\alpha])(g_{ij}(\alpha)).$$

Mit der Bezeichnung $\mathcal{R}_{\alpha}^{\nu} := (R_{\alpha,i}^{\nu})_{i\in I}$ gilt nun

$$(P_i[\alpha], g_{ij}[\alpha]) \in C_{\mathcal{G}}^1(\mathcal{R}_{\alpha}^2; \mathcal{P}_{\alpha}, \mathcal{G}).$$

<u>Behauptung.</u> War (P,g) ein Cozyklus über S, so ist auch $(P[\alpha], g[\alpha])$ ein Cozyklus über S.

<u>Beweis hierfür.</u> Zunächst ist klar, daß jedes $P_i[\alpha]$ ein Komplex über S ist. Durch Komposition der Pfeile

$$(P_j[\alpha]) \xrightarrow{u_{j\alpha}} (P_j) \xrightarrow{g_{ij}u_{ij}} (P_i) \xrightarrow{u_{\alpha i}} (P_i[\alpha]) \text{ über } S$$

erhält man

$$g_{ij}[\alpha]: (P_j[\alpha]) \longrightarrow (P_i[\alpha]) \text{ über } S,$$

wobei die Kongruenz

$$g_{ij}[\alpha] \equiv g_{ij}(\alpha) \bmod (P_j[\alpha]) \text{ über } S$$

benutzt wurde. Weiter gilt wegen

$$(g_{ij}u_{ij})(g_{jk}u_{jk}) \equiv (g_{ik}u_{ik}) \bmod (P_k) \text{ über } S,$$

daß

$$g_{ij}[\alpha]g_{jk}[\alpha] \equiv g_{ij}(\alpha)g_{jk}(\alpha)$$

$$= (u_{\alpha i}g_{ij}u_{ij}u_{j\alpha})(u_{\alpha j}g_{jk}u_{jk}u_{k\alpha})$$

$$= u_{\alpha i}(g_{ij}u_{ij})(g_{jk}u_{jk})u_{k\alpha} \equiv u_{\alpha i}(g_{ik}u_{ik})u_{k\alpha}$$

$$= g_{ik}(\alpha) \equiv g_{ik}[\alpha] \bmod (P_k[\alpha]) \text{ über } S.$$

Damit ist die Behauptung bewiesen.

b) Zerfällung und Rückrechnung.

Das Theorem B (13.6) liefert eine Abbildung

$$\vartheta_\alpha : C^1_{\mathfrak{b}}(\mathcal{R}^2_\alpha;\mathcal{P}_\alpha,\mathcal{G}) \longrightarrow \Gamma_{\mathfrak{b}}(E^3_\alpha,\mathcal{P}_\alpha) \times C^0_{\mathfrak{b}}(\mathcal{R}^3_\alpha,\mathcal{G}).$$

Wir setzen

$$(\Pi_\alpha,\eta^\alpha_i) := \vartheta_\alpha(P_i[\alpha],g_{ij}[\alpha]),$$
$$h_\alpha := \eta^\alpha_\alpha \in \Gamma_{\mathfrak{b}}(F^3_\alpha,\mathcal{G}).$$

Jetzt muß noch die Cokette $(G_{\alpha\beta}) \in C^1_{\mathfrak{b}}(\mathfrak{U},\mathcal{G})$ konstruiert werden. Dazu führen wir die offenen Steinschen Teilmengen

$$R^\nu_{\alpha\beta,i} := u_{\alpha\beta}(E^\nu_{\beta\alpha}\cap u_{\beta i}(E^\nu_{i\alpha}\cap E^\nu_{i\beta}\cap F^\nu_i))$$

von D_α ein und setzen $\mathcal{R}^\nu_{\alpha\beta} := (R^\nu_{\alpha\beta,i})_{i\in I}$.

Für diese Mengen gilt

$$\Phi^{-1}_\alpha(R^\nu_{\alpha\beta,i}) = U^\nu_\alpha \cap U^\nu_\beta \cap W^\nu_i.$$

Die Definition von $R^\nu_{\alpha\beta,i}$ ist so getroffen worden, daß

$$f_{\alpha\beta,i} := (\eta^\alpha_i u_{\alpha i})(\eta^\beta_i u_{\beta i})^{-1}u_{\beta\alpha} \in \Gamma_{\mathfrak{b}}(R^4_{\alpha\beta,i},\mathcal{H}).$$

Auf $f_{\alpha\beta} := (f_{\alpha\beta,i})$ wenden wir nun die Automorphismenprojektion

$$\pi(\Pi_\beta(u_{\beta\alpha})) : C^0_{\mathfrak{b}}(\mathcal{R}^4_{\alpha\beta},\mathcal{H}) \longrightarrow \Gamma_{\mathfrak{b}}(E^5_{\alpha\beta},\mathcal{G})$$

aus Corollar (12.7) an und setzen

$$G_{\alpha\beta} := \pi(\Pi_\beta(u_{\beta\alpha}))f_{\alpha\beta}.$$

<u>Behauptung.</u> Mit

$$\Omega(P_i,g_{ij}) := (\Pi_\alpha,G_{\alpha\beta};h_\alpha)$$

gelten die Behauptungen des Glättungssatzes.

<u>Beweis hierfür.</u> Setzen wir voraus, daß (P,g) ein Cozyklus über S ist!

1. Wir zeigen zunächst, daß dann $(\Pi_\alpha,G_{\alpha\beta})$ ein Cozyklus über S ist.

i) Aus Theorem B, angewandt auf den Cozyklus $(P[\alpha],g[\alpha])$ folgt, daß Π_α ein Komplex über S ist.

ii) Es gilt

$$(P_i) \xrightarrow{u_{\alpha i}} (P_i[\alpha]) \xrightarrow{\eta_i^\alpha} (\Pi_\alpha) \text{ über } S,$$

also

$$(\Pi_\beta(u_{\beta\alpha})) \xrightarrow{u_{\beta\alpha}} (\Pi_\beta) \xrightarrow{(\eta_i^\beta u_{\beta i})^{-1}} (P_i) \xrightarrow{\eta_i^\alpha u_{\alpha i}} (\Pi_\alpha) \text{ über } S,$$

d.h. $f_{\alpha\beta,i}\colon (\Pi_\beta(u_{\beta\alpha})) \longrightarrow (\Pi_\alpha)$ über S. Man rechnet leicht nach, daß

$$f_{\alpha\beta,i} \equiv f_{\alpha\beta,j} \mod (\Pi_\beta(u_{\beta\alpha})) \text{ über } S$$

auf dem gemeinsamen Definitionsbereich, woraus folgt

$$G_{\alpha\beta} \equiv f_{\alpha\beta,i} \mod (\Pi_\beta(u_{\beta\alpha})) \text{ über } S.$$

Daraus folgt

$$G_{\alpha\beta}u_{\alpha\beta}\colon (\Pi_\beta) \longrightarrow (\Pi_\alpha) \text{ über } S.$$

iii) Es gilt die Cozyklenrelation

$$(G_{\alpha\beta}u_{\alpha\beta})(G_{\beta\gamma}u_{\beta\gamma}) \equiv (\eta_i^\alpha u_{\alpha i})(\eta_i^\beta u_{\beta i})^{-1}(\eta_i^\beta u_{\beta i})(\eta_i^\gamma u_{\gamma i})^{-1}$$

$$= (\eta_i^\alpha u_{\alpha i})(\eta_i^\gamma u_{\gamma i})^{-1} \equiv G_{\alpha\gamma}u_{\alpha\gamma} \mod (\Pi_\gamma) \text{ über } S.$$

2. Wir zeigen jetzt, daß

$$(h_\alpha): (P_\alpha, g_{\alpha\beta}) \longrightarrow (\Pi_\alpha, G_{\alpha\beta}) \text{ über } S.$$

Aus Theorem B folgt das über S kommutative Diagramm

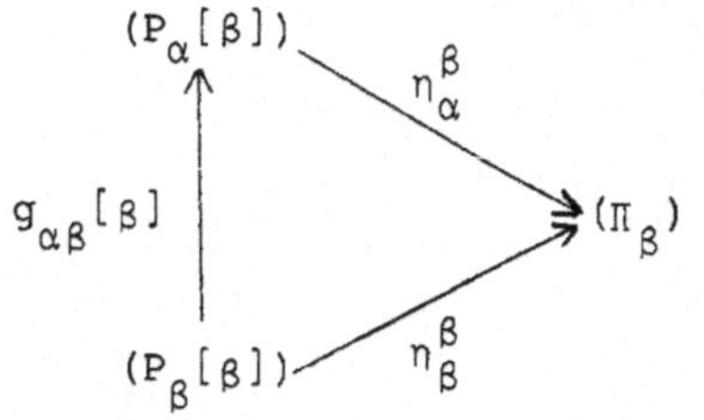

Wegen $P_\beta = P_\beta[\beta]$ und $h_\beta = \eta_\beta^\beta$ folgt daraus das über S kommutative Diagramm

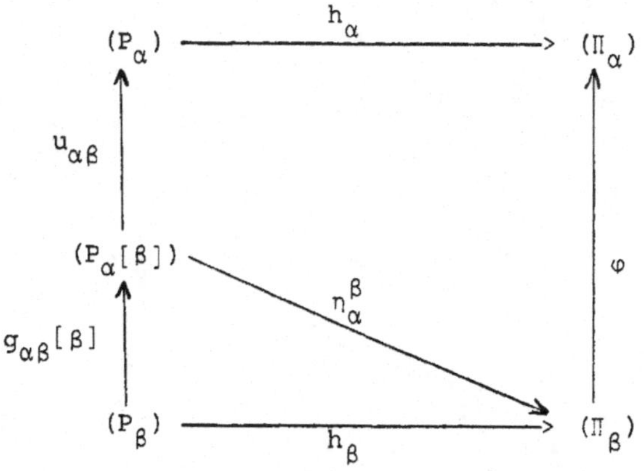

wobei

$$\varphi := h_\alpha u_{\alpha\beta}(\eta_\alpha^\beta)^{-1} = (\eta_\alpha^\alpha u_{\alpha\alpha})(\eta_\alpha^\beta u_{\beta\alpha})^{-1}$$

$$\equiv G_{\alpha\beta} u_{\alpha\beta} \text{ mod } (\Pi_\beta) \text{ über } S.$$

Nun ist

$$u_{\alpha\beta} g_{\alpha\beta}[\beta] \equiv u_{\alpha\beta} g_{\alpha\beta}(\beta) = u_{\alpha\beta}(u_{\beta\alpha} g_{\alpha\beta} u_{\alpha\beta})$$

$$\equiv g_{\alpha\beta} u_{\alpha\beta} \text{ mod } (P_\beta) \text{ über } S.$$

Daraus folgt die Behauptung.

Kapitel III. Konvergenzbeweis

In diesem Kapitel konstruieren wir eine verselle Deformation eines gegebenen kompakten komplexen Raumes. Nach Schlessinger gibt es eine formale verselle Deformation. Diese wird Schritt für Schritt so abgeändert, daß eine echte (= konvergente) verselle Deformation entsteht. Bei der Fortsetzung der Konstruktion um eine Ordnung benutzen wir die Grauertsche Divisions- und Erweiterungstheorie sowie die konkrete Darstellung der Hindernisse, wie sie in § 7 entwickelt worden ist. Die Hindernisse werden mit Hilfe des Überschußlemmas aus § 16 abgeschätzt. Um den Erweiterungsprozeß unbegrenzt wiederholen zu können, ist ein komplizierter Glättungsmechanismus notwendig, der in den §§ 18 und 19 bereitgestellt wird. In § 20 schließlich wird die Konstruktion mittels vollständiger Induktion zu Ende geführt.

Wir nehmen die Gelegenheit wahr, um auf einen Fehler in der Arbeit [7] hinzuweisen. Auf p. 340 wird fälschlicherweise behauptet, daß $y_{ijk} := \bar{g}_{ij}^{e_o}\bar{g}_{ik}^{e_o} - \bar{g}_{ik}^{e_o} \equiv 0 \mod \mathfrak{m}^{e_o+1}$. Dies stimmt nur modulo $\mathfrak{J}_{e_o}$. Der Fehler kann am besten dadurch behoben werden, daß der Beweis längs der im folgenden dargelegten Linien durchgeführt wird. Im Falle der Deformationen von Vektorraumbündel ergeben sich noch erhebliche Vereinfachungen.

§ 15. Vorbereitungen

15.1. Sei X ein für das ganze Kapitel fest gewählter kompakter komplexer Raum. Wir setzen

$$m := \dim_{\mathbb{C}} \operatorname{Def}(X,p_1),$$

wobei $p_1 := (0,\mathbb{C}[\varepsilon])$ der Doppelpunkt ist, vgl. (6.14) und (6.15). Mit B bezeichnen wir den Raumkeim des $\mathbb{C}^m$ in seinem Nullpunkt und mit $B_e, e \in \mathbb{N}$, die Unterkeime, die durch $\mathbb{C}\{t_1,\ldots,t_m\}/\mathfrak{m}^{e+1}$ definiert sind.

15.2. Nach Schlessinger [23] gibt es eine formale verselle Deformation von X:

$$\begin{array}{ccccccccccccc} X & \longrightarrow & X_1' & \longrightarrow & X_2' & \longrightarrow & \ldots & \longrightarrow & X_e' & \longrightarrow & X_{e+1}' & \longrightarrow & \ldots \\ \downarrow & & \downarrow & & \downarrow & & & & \downarrow & & \downarrow & & \\ p_0 & \hookrightarrow & S_1' & \hookrightarrow & S_2' & \hookrightarrow & \ldots & \hookrightarrow & S_e' & \hookrightarrow & S_{e+1}' & \hookrightarrow & \ldots \end{array}$$

Wir dürfen voraussetzen, daß S_e' ein Unterkeim von B_e ist und $S_e' \hookrightarrow S_{e+1}'$ von der kanonischen Immersion $B_e \hookrightarrow B_{e+1}$ induziert wird.

Wir bezeichnen mit $\mathcal{J}_e' \subset \mathcal{H}_e := \mathbb{C}\{t_1,\ldots,t_m\}/\mathfrak{m}^{e+1}$ das Ideal von S_e'. Es gibt ein $a \in \mathbb{N}$, so daß $\mathcal{J}_e'$ für alle $e \geq a$ dasselbe reduzierende System $\Lambda \subset \mathbb{N}^m$ hat, vgl. [7], § 3.10. Von nun an sei

$$X_a := X_a', \quad S_a := S_a' \text{ und } \mathcal{J}_a := \mathcal{J}_a'.$$

15.3. Satz. Sei $e \geq a$, $S_e \subset B_e$ ein Unterkeim mit reduzierendem System Λ und $X_e \longrightarrow S_e$ eine e-verselle Deformation von X. Dann gibt es einen Unterkeim $S_{e+1} \subset B_{e+1}$ mit $S_{e+1} \cap B_e = S_e$ und eine (e+1)-verselle Deformation $X_{e+1} \longrightarrow S_{e+1}$ von X. Der Unterkeim S_{e+1} hat wieder das reduzierende System Λ.

Beweis. Sei $X_e' \longrightarrow S_e'$ die e-verselle Deformation aus der Schlessinger-Familie. Es gibt einen Isomorphismus

$$\begin{array}{ccc} X_e & \longrightarrow & X_e' \\ \downarrow & & \downarrow \\ S_e & \xrightarrow{\ \alpha\ } & S_e' \end{array} .$$

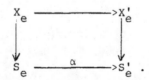

Der Isomorphismus $\alpha: S_e \longrightarrow S'_e$ wird durch einen Automorphismus $\alpha: B \longrightarrow B$ induziert. Sei $X'_{e+1} \longrightarrow S'_{e+1}$ die (e+1)-verselle Deformation aus der Schlessinger-Familie. Sei nun $S_{e+1} \subset B$ derjenige Unterkeim, der durch α isomorph auf S'_{e+1} abgebildet wird. Offenbar gilt

$$S_{e+1} \subset B_{e+1} \text{ und } S_{e+1} \cap B_e = S_e.$$

Sei $\beta: S_{e+1} \longrightarrow S'_{e+1}$ der durch α induzierte Isomorphismus. Wir definieren X_{e+1} als Faserprodukt durch das folgende cartesische Diagramm

$$\begin{array}{ccc} X_{e+1} & \longrightarrow & X'_{e+1} \\ \downarrow & & \downarrow \\ S_{e+1} & \xrightarrow{\beta} & S'_{e+1} \end{array}$$

Die Deformation $X_{e+1} \longrightarrow S_{e+1}$ ist (e+1)-versell. Es bleibt zu zeigen, daß S_{e+1} das reduzierende System Λ hat. Wir verwenden die Bezeichnungen von [7], Kap. I. Seien I_{e+1} bzw. I'_{e+1} die zu S_{e+1} bzw. S'_{e+1} gehörigen Halbgruppenideale und $\tilde{\Lambda}$ das reduzierende System von S_{e+1}. Wegen $S_{e+1} \cap B_e = S_e$ folgt $\tilde{\Lambda} \supset \Lambda$, also gilt $I_{e+1} \supset I'_{e+1}$.
Da aber

$$\mathrm{Card}(\mathfrak{g}_{e+1} \setminus I_{e+1}) = \dim \mathcal{O}_{S_{e+1}} = \dim \mathcal{O}_{S'_{e+1}} = \mathrm{Card}(\mathfrak{g}_{e+1} \setminus I'_{e+1}),$$

folgt $I_{e+1} = I'_{e+1}$, d.h. $\tilde{\Lambda} = \Lambda$.

<u>15.4. Bezeichnungen.</u> Sei $(\omega^a_\lambda)_{\lambda \in \Lambda}$ die Weierstraßfamilie des Ideals $\mathcal{J}_a$, vgl. (15.2). Sei $\Lambda_o \subset \Lambda$ so gewählt, daß $(\omega^a_\lambda)_{\lambda \in \Lambda_o}$ ein minimales Erzeugendensystem von $\mathcal{J}_a$ ist. Es gibt Polynome $c_{\mu\lambda} \in \mathbb{C}[t_1,\ldots,t_m]$ vom Grad $\leq a$, so daß

$$\omega^a_\mu = \sum_{\lambda \in \Lambda_o} c_{\mu\lambda}\omega^a_\lambda \quad \mathrm{mod}\ \mathfrak{m}^{a+1} \text{ für alle } \mu \in \Lambda,$$

$$c_{\mu\lambda} = \delta_{\mu\lambda} \quad \text{für alle } \lambda, \mu \in \Lambda_o.$$

Die Elemente $\beta_\mu^o \in \mathbb{C}\{t_1,\ldots,t_m\}$ seien definiert durch die Gleichung

$$\sum_{\lambda\in\Lambda_o} c_{\mu\lambda}\omega_\lambda^a = t^\mu + \beta_\mu^o , \mu \in \Lambda.$$

Es gilt ord $\beta_\mu^o > \mu$. Deshalb gibt es ein $\rho_o \in \mathbb{R}_{++}^m$, $\rho_o \leq (1,\ldots,1)$, so daß

$$\|\beta_\mu^o\|_{\rho_o} \leq \frac{\rho_o^\mu}{8|\Lambda|} \quad \text{für alle } \mu \in \Lambda.$$

Wir setzen noch

$$K_* := \sup_{\mu\in\Lambda} \sum_{\lambda\in\Lambda_o} \|c_{\mu\lambda}\|_1 , \quad 1 = (1,\ldots,1)$$

und definieren für $\rho = (\rho_1,\ldots,\rho_m) \in \mathbb{R}_{++}^m$

$$\gamma(\rho) := \min(\rho_1,\ldots,\rho_m).$$

15.5. Satz. Mit den obigen Bezeichnungen gilt: Sei $e \geq a$ und $\mathcal{J}_e \subset \mathcal{H}_e$ eine Erweiterung von $\mathcal{J}_a$ mit reduzierendem System Λ und Weierstraßfamilie $(\omega_\lambda^e)_{\lambda\in\Lambda}$. Für einen Multiradius $\rho = \theta\rho_o$, $0 < \theta \leq 1$, gelte

$$\|\omega_\lambda^e - \omega_\lambda^a\|_\rho \leq \frac{\gamma(\rho)^a}{8K_*|\Lambda|} \quad \text{für alle } \lambda \in \Lambda_o.$$

Behauptung: a) Es gilt

$$\|\omega_\lambda^e - \omega_\lambda^a\|_\rho \leq \frac{\rho^\lambda}{2|\Lambda|} \quad \text{für alle } \lambda \in \Lambda.$$

b) Ist E ein Banachraum und $f \in E\{t\}$, so gilt

$$\|\mathrm{Red}_{\mathcal{J}_e}(f)\|_\rho \leq 2\|f\|_\rho.$$

Zum Beweis vgl. [7], § 3.11.

15.6. Wir legen jetzt wieder eine analytische Einspannung des kompakten komplexen Raumes X wie in (5.4) zugrunde und beschreiben Deformationen von X durch Cozyklen $x = (P_i, g_{ij}) \in C^1(\mathfrak{U};\mathfrak{P},\mathfrak{G})$, vgl. (5.7). Zu einem solchen Cozyklus x über $S \subset B$ gibt es nach Definition Matrizen $M = (M_{ij}) \in C^1(\mathfrak{U},\mathfrak{M})$ und $C = (C_{ijk}) \in C^2(\mathfrak{U},\mathfrak{L})$ mit $M(0) = M^o, C(0) = C^o$ und

$$M_{ji}[-1]P_i(g_{ij}u_{ij}) = P_jM_{ji} \text{ über } S,$$
$$(g_{ij}u_{ij})(g_{jk}u_{jk}) = g_{ik}u_{ik} + P_{k,1}C_{kji} \text{ über } S,$$

vgl. (7.3). Wir nennen $\mathcal{E} = (P_i, g_{ij}, M_{ij}, C_{ijk})$ eine in Gleichung gesetzte Deformation.

Seien $x = (P_i, g_{ij})$, $y = (\Pi_i, G_{ij}) \in C^1(\mathfrak{U};\mathfrak{P},\mathfrak{G})$ zwei Cozyklen über S, die vermöge $h = (h_i) \in C^o(\mathfrak{U},\mathfrak{G})$ cohomolog sind. Dann gibt es nach Definition Matrizen $M = (M_i) \in C^o(\mathfrak{U},\mathfrak{M})$ und $C = (C_{ij}) \in C^1(\mathfrak{U},\mathfrak{L})$ mit $M(0) = 1$, $C(0) = 0$ und

$$M_i[-1]\Pi_i(h_i) = P_iM_i \text{ über } S,$$
$$(G_{ij}u_{ij})h_j = h_i(g_{ij}u_{ij}) + P_{j,1}C_{ji} \text{ über } S,$$

vgl. (5.9). Wir nennen $\tilde{h} := (h_i, M_i, C_{ij})$ eine in Gleichung gesetzte Transformation zwischen x und y und schreiben dafür $\tilde{h}: x \longrightarrow y$ über S.

Wir führen noch folgende Abkürzungen ein:

$$C^1(\mathfrak{U}) := C^1_{\mathcal{B}}(\mathfrak{U};\mathfrak{P},\mathfrak{G}),$$
$$C^o(\mathfrak{U}) := C^o_{\mathcal{B}}(\mathfrak{U};\mathfrak{G}).$$

Mit $C^1_*(\mathfrak{U})$ bezeichnen wir die Menge aller Elemente

$$(P_i, g_{ij}, M_{ji}, C_{kji}) \in C^1_{\mathcal{B}}(\mathfrak{U};\mathfrak{P},\mathfrak{G}) \times C^1_{\mathcal{B}}(\mathfrak{U},\mathfrak{M}) \times C^2_{\mathcal{B}}(\mathfrak{U},\mathfrak{L})$$

mit

$$M_{ji}(0) = M^o_{ji} \text{ und } C_{kji}(0) = C^o_{kji}.$$

Mit $C_*^o(\mathcal{U})$ bezeichnen wir die Menge aller Elemente

$$(h_i, M_i, C_{ij}) \in C_b^o(\mathcal{U}, \mathcal{G}) \times C_b^o(\mathcal{U}, \mathcal{M}) \times C_b^1(\mathcal{U}, \mathcal{L})$$

mit

$$M_i(O) = 1 \text{ und } C_{ij}(O) = O.$$

15.7. Wir wählen eine Kette adaptierter Überdeckungen

$$\mathcal{W} \ll \mathcal{V} \ll \widetilde{\mathcal{W}} \ll \widetilde{\mathcal{U}} \ll \mathcal{U}$$

bzgl. der in (15.6) zugrunde gelegten Einspannung von X. Die
Deformation $X_a \longrightarrow S_a$ aus (15.2) kann repräsentiert werden
durch einen a-reduzierten Cozyklus $\bar{x}^a \in C^1(\mathcal{U})$ über S_a. Wir
setzen

$$x^a := \bar{x}^a | \mathcal{V} \in C^1(\mathcal{V}).$$

Wir benutzen jetzt den Glättungsoperator Ω aus Satz (14.2) und
setzen

$$(y^a, h^a) := \text{Red}_{\mathcal{J}_a} \Omega(x^a) \in C^1(\mathcal{U}) \times C^o(\mathcal{W}).$$

Dann ist y^a ein a-reduzierter Cozyklus über $\mathcal{J}_a$, der ebenfalls die
Deformation $X_a \longrightarrow S_a$ repräsentiert und es gilt

$$h^a: x^a \longrightarrow y^a \text{ über } S_a \text{ bzgl. } \mathcal{W}.$$

Die Cokette h^a definiert einen Isomorphismus zwischen den $\bar{x}^a$
bzw. y^a zugeordneten Deformationen. Derselbe Isomorphismus kann
auch repräsentiert werden durch eine Cokette $H^a \in C^o(\widetilde{\mathcal{U}})$. Es
gibt ein Element

$$(M^a, C^a) \in C_b^o(\widetilde{\mathcal{W}}, \mathcal{M}) \times C_b^1(\widetilde{\mathcal{W}}, \mathcal{L})$$

mit

$$M^a(0) = 1 \text{ und } C^a(0) = 0,$$

das die Transformation $H^a: \bar{x}^a \longrightarrow y^a$ in Gleichung setzt. Wir definieren

$$\tilde{h}^a := (H^a, M^a, C^a) \in C^0_*(\tilde{\mathcal{W}}).$$

Die hiermit festgelegten Größen $x^a \in C^1(\mathcal{W})$, $y^a \in C^1(\mathcal{V})$, $h^a \in C^0(\mathcal{W})$, $\tilde{h}^a \in C^0_*(\tilde{\mathcal{W}})$ sowie die Weierstraßfamilie $(\omega^a_\lambda)_{\lambda\in\Lambda}$ aus (15.4) verwenden wir als Induktionsbasis für die kommende Konstruktion.

§ 16. Reduktions- und Überschußlemma

Dieser Paragraph dient der Bereitstellung zweier allgemeiner technischer Hilfsmittel, nämlich des Reduktions- und Überschußlemmas. Wir beziehen uns auf die Bezeichnungen von (15.4).

16.1. Satz (Reduktionslemma). Seien E und F Banachräume, $\Phi: E\{t\}^{o} \longrightarrow F\{t\}$ eine differenzierbare Abbildung und $x^{a} \in E\{t\}^{o}$ Dann gibt es Konstanten $K \geq 1$ und $\sigma_{o} > 0$, sowie eine Funktion $\theta_{o}:]0,\sigma_{o}] \longrightarrow]0,1]$, so daß folgende Aussage gilt.

Voraussetzung: Sei $e \geq a$, $\mathcal{J}_{e} \subset \mathcal{H}_{e}$ eine Erweiterung von $\mathcal{J}_{a}$ mit Weierstraßfamilie $(\omega_{\lambda}^{e})_{\lambda\in\Lambda}$ und $x^{e} \in E\{t\}^{o}$. Mit der Konstanten $0 < \sigma \leq \sigma_{o}$ und dem Multiradius $\rho = \theta\rho_{o}$, $0 < \theta \leq \theta_{o}(\sigma)$, mögen die folgenden Abschätzungen gelten:

$$\|\omega_{\lambda}^{e} - \omega_{\lambda}^{a}\|_{\rho} \leq \sigma\gamma(\rho)^{a} \quad \text{für alle } \lambda \in \Lambda_{o} ,$$

$$\|x^{e} - x^{a}\|_{\rho} \leq \sigma\gamma(\rho)^{a}.$$

Behauptung: Es gilt die Abschätzung

$$\|\mathrm{Red}_{\mathcal{J}_{e}}\Phi(x^{e}) - \mathrm{Red}_{\mathcal{J}_{a}}\Phi(x^{a})\|_{\rho} \leq K\sigma\gamma(\rho)^{a}.$$

Beweis. Weil Φ differenzierbar ist, gibt es positive Konstanten $\sigma_{o} \leq (8K_{*}|\Lambda|)^{-1}$, $\theta^{*} \leq 1$ und C_{o}, so daß

$$\|D\Phi(x^{a}+y)\|_{\rho} \leq C_{o}$$

für alle $\rho \leq \theta^{*}\rho_{o}$ und alle $y \in E\{t\}^{o}$ mit $\|y\|_{\rho} \leq \sigma_{o}$. Wir können $\Phi(x^{a})$ darstellen als

$$\Phi(x^{a}) = \sum_{\lambda\in\Lambda_{o}} q_{\lambda}\omega_{\lambda}^{a} + \mathrm{Red}_{\mathcal{J}_{a}}\Phi(x^{a}) + r$$

mit $r \equiv 0 \bmod \mathfrak{m}^{a+1}$. Wir dürfen annehmen, daß θ^{*} so klein gewählt worden war, daß

$$\sup_{\lambda\in\Lambda_{o}} \|q_{\lambda}\|_{\theta^{*}\rho_{o}} =: C_{1} < \infty.$$

Da r von der Ordnung a+1 verschwindet, gibt es zu jedem $0 < \sigma \leq \sigma_o$ ein $\theta_o(\sigma) \leq \theta^*$, so daß für alle $\rho = \theta\rho_o$, $0 < \theta \leq \theta_o(\sigma)$, gilt

$$\|r\|_\rho \leq \sigma\gamma(\rho)^a.$$

Wir setzen $K := 2(1+C_o+C_1|\Lambda_o|)$ und zeigen, daß mit den so konstruierten σ_o, θ_o und K die Aussage des Satzes gilt.

Wir können schreiben

$$\Phi(x^e) = \sum_{\lambda\in\Lambda_o} q_\lambda\omega_\lambda^e + \sum_{\lambda\in\Lambda_o} q_\lambda(\omega_\lambda^a-\omega_\lambda^e)$$

$$+ \operatorname{Red}_{\mathcal{J}_a}\Phi(x^a) + r + \Phi(x^e) - \Phi(x^a) ,$$

woraus folgt

$$z := \operatorname{Red}_{\mathcal{J}_e}\Phi(x^e) - \operatorname{Red}_{\mathcal{J}_a}\Phi(x^a)$$

$$= \operatorname{Red}_{\mathcal{J}_e}\{\sum_{\lambda\in\Lambda_o} q_\lambda(\omega_\lambda^a-\omega_\lambda^e) + r + \Phi(x^e) - \Phi(x^a)\}.$$

Da $\operatorname{Red}_{\mathcal{J}_e}$ nach (15.5) die $\|\ \|_\rho$-Norm höchstens verdoppelt, ergibt sich wegen $\|\Phi(x^e) - \Phi(x^a)\|_\rho \leq C_o\|x^e - x^a\|_\rho$

$$\|z\|_\rho \leq 2(|\Lambda_o|C_1+1+C_o)\sigma\gamma(\rho)^a = K\sigma\gamma(\rho)^a.$$

Damit ist das Reduktionslemma bewiesen.

16.2. Definition. Seien E und F Banachräume. Ein linearer Morphismus Φ: $E\{t\}^o \longrightarrow F\{t\}$ heißt strikt homogen, wenn es eine stetige lineare Abbildung φ: E $\longrightarrow$ F gibt, so daß für jedes $\sum a_\nu t^\nu \in E\{t\}^o$ gilt:

$$\Phi(\sum a_\nu t^\nu) = \sum\varphi(a_\nu)t^\nu.$$

16.3. Satz (Überschußlemma). Seien E und F Banachräume, Ψ: $E\{t\}^o \longrightarrow F\{t\}$ eine differenzierbare Abbildung mit strikt homogenem Differential $D\Psi(0)$ und $x^a \in E\{t\}^o$ ein a-reduziertes Element mit $\mathrm{Red}_{\mathcal{J}_a} \Psi(x^a) = 0$. Dann gibt es Konstanten $K \geq 1$ und $\sigma_o > 0$, sowie eine Funktion $\theta_o:]0,\sigma_o] \longrightarrow]0,1]$, so daß folgende Aussage gilt.

<u>Voraussetzung:</u> Sei $e \geq a$, $\mathcal{J}_e \subset \mathcal{H}_e$ eine Erweiterung von $\mathcal{J}_a$ mit Weierstraßfamilie $(\omega_\lambda^e)_{\lambda\in\Lambda}$ und $\mathcal{J}_{e+1} \subset \mathcal{H}_{e+1}$ eine Erweiterung von $\mathcal{J}_e$ mit Weierstraßfamilie $(\omega_\lambda^{e+1})_{\lambda\in\Lambda}$. Außerdem sei $x^e \in E\{t\}^o$ ein e-reduziertes Element mit $\mathrm{Red}_{\mathcal{J}_e} \Psi(x^e) = 0$. Mit den Konstanten $0 < \sigma,\tau \leq \sigma_o$ und dem Multiradius $\rho = \theta\rho_o$, $0 < \theta \leq \theta_o(\sigma)$ mögen folgende Abschätzungen gelten:

$$\|\omega_\lambda^e - \omega_\lambda^a\|_\rho \leq \sigma\gamma(\rho)^a \quad \text{für alle } \lambda \in \Lambda_o ,$$

$$\|x^e - x^a\|_\rho \leq \sigma\gamma(\rho)^a ,$$

$$\|\omega_\lambda^{e+1} - \omega_\lambda^e\|_\rho \leq \tau\gamma(\rho)^a \quad \text{für alle } \lambda \in \Lambda_o .$$

<u>Behauptung:</u> Es gilt die Abschätzung

$$\|\mathrm{Red}_{\mathcal{J}_{e+1}} \Psi(x^e)\|_\rho \leq K(\sigma^2+\tau)\gamma(\rho)^a .$$

<u>Beweis.</u> Weil Ψ differenzierbar ist, gibt es positive Konstanten $\sigma_o \leq (8K_*|\Lambda|)^{-1}$, $\theta^* \leq 1$ und C_o, so daß

$$\|D^2\Psi(y)\|_\rho \leq C_o$$

für alle $\rho \leq \theta^*\rho_o$ und alle $y \in E\{t\}^o$ mit $\|y\|_\rho \leq 2\sigma_o$.

Da $\mathrm{Red}_{\mathcal{J}_a} \Psi(x^a) = 0$, gilt

$$(*) \quad \Psi(x^a) = \sum_{\lambda\in\Lambda_o} q_\lambda \omega_\lambda^a + r$$

mit $r \equiv 0 \bmod \mathfrak{m}^{a+1}$. Wir dürfen annehmen, daß θ^* so klein gewählt worden war, daß

$$\sup_{\lambda\in\Lambda_o} \|q_\lambda\|_{\theta^*\rho_o} =: C_1 < \infty .$$

Da r von der Ordnung a+1 und $q_\lambda - q_\lambda(0)$ bzw. x^a von der Ordnung 1 verschwinden, gibt es zu jedem $0 < \sigma \leq \sigma_0$ ein $\theta_0(\sigma) \leq \theta^*$, so daß für alle $\rho = \theta\rho_0$, $0 < \theta \leq \theta_0(\sigma)$, gilt

$$\|r\|_\rho \leq \sigma^2\gamma(\rho)^a,$$

$$\|q_\lambda - q_\lambda(0)\|_\rho \leq \sigma, \ \|x^a\|_\rho \leq \sigma.$$

Wir setzen

$$K := 2\max(1+|\Lambda_0|+2C_0, |\Lambda_0|C_1)$$

und zeigen, daß mit den so konstruierten σ_0, θ_0 und K die Aussage des Satzes gilt. Nach einer verallgemeinerten Form des Mittelwertsatzes [21],V.4.Th.2,Cor.2, können wir schreiben

$$(**)\quad \Psi(x^e) = \Psi(x^a) + D\Psi(0)(x^e-x^a) + R,$$

wobei

$$\|R\|_\rho \leq C_0 \max(\|x^e\|_\rho, \|x^a\|_\rho)\|x^e - x^a\|_\rho$$
$$\leq 2C_0\sigma^2\gamma(\rho)^a,$$

da C_0 eine obere Schranke für die Norm von $D^2\Psi$ auf dem von 0, x^a, x^e aufgespannten Simplex ist. Setzt man (*) in (**) ein, so erhält man

$$\Psi(x^e) = \sum_{\lambda\in\Lambda_0} q_\lambda\omega_\lambda^a + r + D\Psi(0)(x^e-x^a) + R$$

$$= \sum_{\lambda\in\Lambda_0} q_\lambda(0)(\omega_\lambda^a-\omega_\lambda^e)$$

$$+ \sum_{\lambda\in\Lambda_0} (q_\lambda-q_\lambda(0))(\omega_\lambda^a-\omega_\lambda^e)$$

$$+ \sum_{\lambda\in\Lambda_o} q_\lambda(\omega_\lambda^e-\omega_\lambda^{e+1}) + \sum_{\lambda\in\Lambda_o} q_\lambda\omega_\lambda^{e+1}$$

$$+ D\Psi(0)(x^e-x^a) + r + R.$$

Da $\mathrm{Red}_{\mathcal{J}_{e+1}} \Psi(x^e) \equiv 0 \bmod \mathfrak{m}^{e+1}$ und die Elemente $q_\lambda(0)(\omega_\lambda^a-\omega_\lambda^e)$ sowie $D\Psi(0)(x^e-x^a)$ e-reduziert sind, folgt

$$\|\mathrm{Red}_{\mathcal{J}_{e+1}} \Psi(x^e)\|_\rho \leq 2\|\sum(q_\lambda-q_\lambda(0))(\omega_\lambda^a-\omega_\lambda^e)\|_\rho$$

$$+\|2\sum q_\lambda(\omega_\lambda^e-\omega_\lambda^{e+1})\|_\rho + 2\|r + R\|_\rho$$

$$\leq 2|\Lambda_o|\sigma^2\gamma(\rho)^a + 2|\Lambda_o|C_1\tau\gamma(\rho)^a + 2(1+2C_o)\sigma^2\gamma(\rho)^a$$

$$\leq K(\sigma^2+\tau)\gamma(\rho)^a.$$

§ 17. Fortsetzung um eine Ordnung

In diesem Paragraphen benutzen wir die Kette

$$\tilde{\mathfrak{U}} << \mathfrak{U}''' << \mathfrak{U}'' << \mathfrak{U}' << \mathfrak{U}$$

adaptierter Überdeckungen von X.

17.1. Lemma (In Gleichung Setzen von Deformationen).
Es gibt eine differenzierbare Abbildung

$$\Phi\colon C^1(\mathfrak{U}) \longrightarrow C^1_b(\mathfrak{U}',\mathfrak{M}) \times C^2_b(\mathfrak{U}',\mathfrak{L})$$

mit folgender Eigenschaft: Ist $S \subset B$ ein Unterkeim und $y = (P_i, g_{ij}) \in C^1(\mathfrak{U})$ ein Cozyklus über S und

$$\Phi(y) =: (M_{ij}, C_{ijk}),$$

so gilt

i) $M_{ij}(0) = M^o_{ij}$, $C_{ijk}(0) = C^o_{ijk}$

ii) (M_{ij}, C_{ijk}) setzt die Deformation y

in Gleichung, d.h. über S gelten die Gleichungen

$$M_{ji}[-1]P_i(g_{ij}u_{ij}) = P_j M_{ji} ,$$

$$(g_{ij}u_{ij})(g_{jk}u_{jk}) = g_{ik}u_{ik} + P_{k,1}C_{kji} .$$

Dies Lemma kann einfach auf das Aufspaltungslemma (11.3) zurückgeführt werden.

17.2. Mit dem a-reduzierten Cozyklus über S_a

$$y^a = (P^a_i, g^a_{ij}) \in C^1(\mathfrak{U})$$

aus (15.7) definieren wir jetzt

$$(M_{ij}^a, C_{ijk}^a) := \mathrm{Red}_{\mathcal{J}_a} \Phi(y^a)$$

sowie

$$\Xi_i^a := P_{i1}^a P_{i2}^a \ ,$$

$$H_{ij}^a(u_{ij}) := P_{i1}^a(g_{ij}^a u_{ij}) - P_{j1}^a M_{ji,1}^a \ ,$$

$$Z_{ijk}^a(u_{ik}) := (g_{ij}^a u_{ij})(g_{jk}^a u_{jk}) - g_{ik}^a u_{ik} - P_{k,1}^a C_{kji}^a \ .$$

Sei

$$(\Xi^a, H^a, Z^a) = \sum_{\mu \in \Lambda} Q_\mu \omega_\mu^a + r$$

die Devisionsdarstellung bzgl. der Weierstraßfamilie $(\omega_\mu^a)_{\mu \in \Lambda}$.
Es gilt $r \equiv 0 \mod \mathfrak{m}^{a+1}$.

<u>17.3.</u> Zur Berechnung und Abschätzung der Hindernisse bei Er-
weiterungen (7.3) definieren wir eine Abbildung

$$\Psi: C_*^1(\mathcal{U}') \longrightarrow C_{\mathscr{b}}^0(\mathcal{U}'', \mathcal{O}_{\mathbb{C}^N \times B}^{\ell_2}) \times TC_{\mathscr{b}}^1(\mathcal{U}'', \mathcal{P}) \times TC_{\mathscr{b}}^2(\mathcal{U}'', \mathcal{G})$$

auf folgende Weise: Für

$$\mathcal{y} = (P_i, g_{ij}, M_{ij}, C_{ijk}) \in C_*^1(\mathcal{U}')$$

setzen wir $\Psi(\mathcal{y}) := (\Xi_i, H_{ij}, Z_{ijk})$ mit

$$\Xi_i := P_{i,1} P_{i,2} \ ,$$

$$H_{ij}(u_{ij}) := P_{i,1}(g_{ij} u_{ij}) - P_{j,1} M_{ji,1} \ ,$$

$$Z_{ijk}(u_{ik}) := (g_{ij} u_{ij})(g_{jk} u_{jk}) - g_{ik} u_{ik} - P_{k,1} C_{kji} \ .$$

Diese Abbildung hat folgende Eigenschaften:

a) Ψ ist differenzierbar
b) Ψ hat im Punkt $\mathcal{y}^0 = (P_i^0, id, M_{ij}^0, C_{ijk}^0)$

strikt homogenes Differential, vgl. (16.2), (10.6), (10.8).

c) Ist $S \subset B$ ein Unterkeim und $\mathfrak{y} \in C^1_*(\mathfrak{U}')$ eine in Gleichung gesetzte Deformation über S, so gilt $\Psi(\mathfrak{y}) = 0$ über S.

17.4. Wir betrachten jetzt folgende Situation, vgl. (15.4): Sei $e \geq a$ und $\mathcal{J}_e$ eine Erweiterung von $\mathcal{J}_a$ mit Weierstraßfamilie $(\omega^e_\lambda)_{\lambda\in\Lambda}$. Mit Δ_{e+1} werde die Menge der Λ-reduzierten Indizes $\nu \in \mathbb{N}^m$ mit $|\nu| = e+1$ bezeichnet (vgl. [7], § 1.12). Für eine Matrix $b = (b_{\lambda\nu})_{\lambda\in\Lambda_o,\ \nu\in\Delta_{e+1}}$ komplexer Zahlen setzen wir

$$\omega^{e+1}_\lambda(b) := \omega^e_\lambda + \sum_{\nu\in\Delta_{e+1}} b_{\lambda\nu} t^\nu \quad \text{für } \lambda \in \Lambda_o,$$

$$\mathcal{J}_{e+1}(b) := \sum_{\lambda\in\Lambda_o} \mathcal{H}_{e+1}\omega^{e+1}_\lambda(b).$$

Sei $\mathfrak{y} \in C^1_*(\mathfrak{U}')$ eine in Gleichung gesetzte Deformation über $\mathcal{J}_e$. Dann gilt

$$\mathrm{Red}_{\mathcal{J}_{e+1}} \Psi(\mathfrak{y}) = \sum_{\nu\in\Delta_{e+1}} (\xi^b_{i\nu}, \eta^b_{ij,\nu}, \zeta^b_{ijk,\nu}) t^\nu$$

mit

$$(\xi^b_{i\nu}, \eta^b_{ij,\nu}, \zeta^b_{ijk,\nu})|X \in E^2(\mathfrak{U}'').$$

Nach der Grauertschen Erweiterungstheorie (vgl. [7], Satz 3.12) gilt

$$(\xi^o_\nu, \eta^o_\nu, \zeta^o_\nu) = (\xi^b_\nu, \eta^b_\nu, \zeta^b_\nu) + \sum_{\mu\in\Lambda} \sum_{\lambda\in\Lambda_o} Q_\mu(0) c_{\mu\lambda}(0) b_{\lambda\nu}.$$

Bemerkung. Nach Satz (7.6) läßt sich die durch $\mathfrak{y}$ gegebene Deformation genau dann zu einer Deformation über $\mathcal{J}_{e+1}(b)$ fortsetzen, wenn für alle $\nu \in \Delta_{e+1}$ die Elemente $(\xi^b_\nu, \eta^b_\nu, \zeta^b_\nu)|X$ im Bild von $d^1\colon E^1(\mathfrak{U}'') \longrightarrow E^2(\mathfrak{U}'')$ liegen.

17.5. Wir definieren eine lineare Abbildung

$$T: \mathbb{C}^{\Lambda_o} \times E^1(\mathfrak{U}'') \longrightarrow E^2(\mathfrak{U}''),$$

durch die Formel

$$T((b_\lambda),(\pi,\gamma)) := d^1(\pi,\gamma) + \sum_{\mu\in\Lambda}\sum_{\lambda\in\Lambda_o} Q_\mu(0)c_{\mu\lambda}(0)b_\lambda .$$

(Die Definition von T hängt nur von (ω_λ^a) und y^a ab.) Man erinnere sich daran (6.10), daß

$$E^1(\mathfrak{U}'') = C^o(\mathfrak{U}'',\mathcal{O}_X^{\ell_1}) \times C^1(\mathfrak{U}'',\mathcal{O}_X^N).$$

Wir setzen

$$\tilde{E}^1(\mathfrak{U}'') := C^o(\mathfrak{U}'',\mathcal{O}_{\mathbb{C}^N}^{\ell_1}) \times C^1(\mathfrak{U}'',\mathcal{O}_{\mathbb{C}^N}^N).$$

Man hat eine natürliche Beschränkungsabbildung $\tilde{E}^1(\mathfrak{U}'') \longrightarrow E^1(\mathfrak{U}'')$. Es sei

$$\tilde{T}: \mathbb{C}^{\Lambda_o} \times \tilde{E}^1(\mathfrak{U}'') \longrightarrow E^2(\mathfrak{U}'')$$

die Komposition von T mit dieser Beschränkung.

17.6. Satz. Mit den obigen Bezeichnungen gilt:

a) Im $\tilde{T}$ ist abgeschlossen.

b) Ist $\mathfrak{y} = (y^e,M^e,c^e) \in C_*^1(\mathfrak{U}')$ eine Deformation über $\mathcal{J}_e$ mit $y^e \equiv y^a \bmod \mathfrak{m}^{a+1}$ und ist $(\xi_\nu^o,\eta_\nu^o,\zeta_\nu^o)$ wie in (17.4) definiert, so gilt

$$(\xi_\nu^o,\eta_\nu^o,\zeta_\nu^o)|X \in \operatorname{Im} T \quad \text{für alle } \nu \in \Delta_{e+1}.$$

Beweis. a) Dies folgt aus (7.10), da in einem Fréchetraum die Summe aus einem endlich-dimensionalen und einem abgeschlossenen Unterraum wieder abgeschlossen ist.

b) Dies folgt unmittelbar aus (15.3) und (17.4).

Bemerkung. Aus der Abgeschlossenheit von Im $\tilde{T}$ folgt: Es gibt eine Konstante $\tilde{K} \geq 1$ mit folgender Eigenschaft: Zu jedem $(\xi,\eta,\zeta) \in \mathrm{Im}\, T$ existiert ein Urbild $((b_\lambda),(\pi,\gamma)) \in \mathbb{C}^{\Lambda_o} \times \tilde{E}^1(\mathfrak{U}'')$ mit

$$\max(|b_\lambda|,\|(\pi,\gamma)\|_{\mathfrak{U}'''}) \leq \tilde{K}\|(\xi,\eta,\zeta)\|_{\mathfrak{U}''}.$$

17.7. Lemma. Es gibt Konstanten $K \geq 1$, $\sigma_o > 0$ und eine Funktion θ_o: $]0,\sigma_o] \longrightarrow]0,1]$, so daß folgende Aussage gilt.

Voraussetzung: Sei $e \geq a$, $\mathcal{J}_e \subset \mathcal{H}_e$ eine Erweiterung von $\mathcal{J}_a$ mit Weierstraßfamilie $(\omega_\lambda^e)_{\lambda\in\Lambda}$ und $y^e = (P_i^e, g_{ij}^e) \in C^1(\mathfrak{U})$ ein Cozyklus über $\mathcal{J}_e$ mit $y^e \equiv y^a \bmod \mathfrak{m}^{a+1}$.
Außerdem sei $\mathcal{J}_{e+1} \subset \mathcal{H}_{e+1}$ eine Erweiterung von $\mathcal{J}_e$ mit Weierstraßfamilie $(\omega_\lambda^{e+1})_{\lambda\in\Lambda}$ und es seien Elemente

$$\pi_{i,1} = \sum_{\nu\in\Delta_{e+1}} \pi_{i,1}^{(\nu)} t^\nu \ , \quad (\pi_{i,1}^{(\nu)}) \in C^o(\mathfrak{U}''', \mathcal{O}_{\mathbb{C}^N}^{\ell_1})$$

gegeben, derart daß $(P_{i,1}^e + \pi_{i,1})$ Unterräume von $E_i''' \times B$ definieren, die platt über $\mathcal{J}_{e+1}$ liegen. Mit den Konstanten $0 < \sigma,\tau \leq \sigma_o$ und dem Multiradius $\rho = \theta\rho_o$, $0 < \theta \leq \theta_o(\sigma)$ mögen die folgenden Abschätzungen gelten

$$\|\omega_\lambda^e - \omega_\lambda^a\|_\rho \leq \sigma\gamma(\rho)^a \text{ für alle } \lambda \in \Lambda_o,$$

$$\|P^e - P^a\|_{\mathfrak{U}\rho} \leq \sigma\gamma(\rho)^a,$$

$$\|\omega_\lambda^{e+1} - \omega_\lambda^e\|_\rho \leq \tau\gamma(\rho)^a,$$

$$\|\pi_1\|_{\mathfrak{U}'''\rho} \leq \tau\gamma(\rho)^a.$$

Behauptung: Es existieren für $n = 2,\ldots,N$ Elemente

$$\pi_{i,n} = \sum_{\nu\in\Delta_{e+1}} \pi_{i,n}^{(\nu)} t^\nu \ , \ (\pi_{i,n}^{(\nu)}) \in C^o(\tilde{\mathfrak{U}}, \mathcal{O}_{\mathbb{C}^N}^{\ell_n})$$

mit folgenden Eigenschaften:

i) Setzt man $P^{e+1}_{i,n} := P^{e}_{i,n} + \pi_{i,n}$ für $n = 1,\ldots,N$, so ist $P^{e+1}_{i} = (P^{e+1}_{i,n})$ ein Komplex über $\mathcal{J}_{e+1}$

ii) $\|\pi_{i,n}\|_{\widetilde{\mathfrak{U}}_\rho} \leq K(\sigma^2+\tau)\gamma(\rho)^a$.

<u>Beweis.</u> Mit der Garbe

$$\mathcal{Q} = \prod_{n=1}^{N-1} M(\ell_{n-1}\times\ell_{n+1}, \mathcal{O}_{\mathbb{C}^N\times B}), \; \ell_o := 1$$

definieren wir die differenzierbare Abbildung

$$\Psi: C^o_{\mathcal{b}}(\mathfrak{U},\mathcal{P}) \longrightarrow C^o_{\mathcal{b}}(\mathfrak{U},\mathcal{Q})$$
$$(P_i) \longmapsto (P_{i,1}P_{i,2}, P_{i,2}P_{i,3}, \ldots, P_{i,N-1}P_{i,N})$$

und wenden auf sie das Überschußlemma (16.3) an. Seien (K',σ_o,θ_o) die dort gelieferten Abschätzungsdaten. Für

$$q_{in} := \mathrm{Red}_{\mathcal{J}_{e+1}}(P^e_{in}P^e_{in+1})$$

gilt dann

$$\|q_{in}\|_{\mathfrak{U}_\rho} \leq K'(\sigma^2+\tau)\gamma(\rho)^a.$$

Die Bedingung (i) ist für die gesuchten Größen π_{in} genau dann erfüllt, wenn

$$\mathrm{Red}_{\mathcal{J}_{e+1}}(P^e_{in}+\pi_{in})(P^e_{in+1}+\pi_{in+1}) = 0,$$

d.h.

$$P^o_{i1}\pi_{i2} = -q_{i1} - \pi_{i1}P^o_{i2},$$

$$P^o_{in}\pi_{in+1} + \pi_{in}P^o_{in+1} = -q_{in} \quad \text{für } n = 2,\ldots,N.$$

Da die rechten Seiten bzgl. $\mathfrak{U}'''$ durch $K^*(\sigma^2+\tau)\gamma(\rho)^a$ für eine Konstante K^* abgeschätzt sind, folgt die Existenz der π_{in} mit den gewünschten Abschätzungen aus dem Banachschen Satz über offene Abbildungen.

<u>17.8. Satz</u> (Fortsetzung um eine Ordnung).

Es gibt Konstanten $K_1 \geq 1$ und $\sigma_1 > 0$, sowie eine Funktion $\theta_1 :]0,\sigma_1] \longrightarrow]0,1]$, so daß folgende Aussage gilt.

<u>Voraussetzung:</u> Sei $e \geq a$, $\mathcal{J}_e \subset \mathcal{H}_e$ eine Erweiterung von $\mathcal{J}_a$ mit Weierstraßfamilie $(\omega_\lambda^e)_{\lambda\in\Lambda}$ und $y^e \in C^1(\mathfrak{U})$ ein e-reduzierter Cozyklus über $\mathcal{J}_e$ mit $y^e \equiv y^a \bmod \mathfrak{m}^{a+1}$.
Mit der Konstanten $0 < \sigma \leq \sigma_1$ und dem Multiradius $\rho = \theta\rho_o$, $0 < \theta \leq \theta_1(\sigma)$, gelte

$$\|\omega_\lambda^e - \omega_\lambda^a\|_\rho \leq \sigma\gamma(\rho)^a \text{ für alle } \lambda \in \Lambda_o,$$
$$\|y^e - y^a\|_{\mathfrak{U}_\rho} \leq \sigma\gamma(\rho)^a.$$

<u>Behauptung:</u> Es gibt eine Erweiterung $\mathcal{J}_{e+1} \subset \mathcal{H}_{e+1}$ von $\mathcal{J}_e$ mit Weierstraßfamilie $(\omega_\lambda^{e+1})_{\lambda\in\Lambda}$ und einen (e+1)-reduzierten Cozyklus $\tilde{y}^{e+1} \in C^1(\tilde{\mathfrak{U}})$ über $\mathcal{J}_{e+1}$ mit folgenden Eigenschaften:

i) $\tilde{y}^{e+1} \equiv y^e \bmod \mathfrak{m}^{e+1}$,

ii) $\|\omega_\lambda^{e+1} - \omega_\lambda^e\|_\rho \leq K_1\sigma^2\gamma(\rho)^a$ für alle $\lambda \in \Lambda_o$,

iii) $\|\tilde{y}^{e+1} - y^e\|_{\tilde{\mathfrak{U}}_\rho} \leq K_1\sigma^2\gamma(\rho)^a$.

<u>Beweis von (17.8).</u> Auf die Abbildung Φ von Lemma (17.1) wenden wir das Reduktionslemma (16.1) an. Seien (K',σ_o',θ_o') die zugehörigen Abschätzungsdaten. Auf die Abbildung Ψ von (17.3) wenden wir das Überschußlemma (16.3) an und nennen die zugehörigen Abschätzungsdaten $(K'',\sigma_o'',\theta_o'')$. Sei K die Konstante aus (17.6) und seien (K,σ_o,θ_o) die Abschätzungsdaten aus Lemma (17.7). Wir zeigen nun, daß für

$$K_1 := K(1+KK''K'^2),$$
$$\sigma_1 := \min\left(\sigma_o', \frac{\sigma_o'}{K'}, \frac{1}{KK''K'^2}, \sigma_o\right)$$
$$\theta_1(\sigma) := \min(\theta_o'(\sigma), \theta_o''(K'\sigma), \theta_o(\sigma))$$

die Aussage des Satzes gilt.

Sei

$$(M^e, C^e) := \mathrm{Red}_{\mathcal{J}_e} \Phi(y^e).$$

Dann ist $\mathfrak{y} := (y^e, M^e, C^e)$ eine e-reduzierte, in Gleichung gesetzte Deformation über $\mathcal{J}_e$ und es gilt die Abschätzung

$$\max(\|M^e - M^a\|_{\mathfrak{U}'\rho}, \|C^e - C^a\|_{\mathfrak{U}'\rho}) \leq K'\sigma\gamma(\rho)^a$$

Nach dem Überschußlemma, angewandt auf den Fall

$$\mathcal{J}_{e+1}(0) := \sum_{\lambda \in \Lambda_o} \mathcal{H}_{e+1}\omega_\lambda^e$$

gilt

$$\mathrm{Red}_{\mathcal{J}_{e+1}(0)} \Psi(\mathfrak{y}) = \sum_{\nu \in \Delta_{e+1}} (\xi_\nu^o, \eta_\nu^o, \zeta_\nu^o) t^\nu$$

mit

$$\|\xi_\nu^o, \eta_\nu^o, \zeta_\nu^o\|_{\mathfrak{U}''\rho} \leq K''K'^2\sigma^2\gamma(\rho)^a.$$

Wir können also nach (17.6) Elemente

$$((b_{\lambda\nu}), (\pi_1^{(\nu)}, \gamma^{(\nu)})) \in \mathbb{C}^{\Lambda_o} \times E^1(\mathfrak{U}'''), \ \nu \in \Delta_{e+1}$$

finden mit $\tilde{T}((b_{\lambda\nu}), (\pi_1^{(\nu)}, \gamma^{(\nu)})) = (\xi_\nu^o, \eta_\nu^o, \zeta_\nu^o)$

und

$$\max(|b_{\lambda\nu}|, \|\pi_{i1}\|_{\mathfrak{U}'''\rho}, \|\gamma_{ij}\|_{\mathfrak{U}'''\rho}) \leq KK''K'^2\sigma^2\gamma(\rho)^a,$$

wobei

$$\pi_{i1} := \sum_{\nu \in \Delta_{e+1}} \pi_{i1}^{(\nu)} t^\nu, \quad \gamma_{ij} := \sum_{\nu \in \Delta_{e+1}} \gamma_{ij}^{(\nu)} t^\nu.$$

Wir setzen jetzt

$$\omega_\lambda^{e+1} := \omega_\lambda^e + \sum_{\nu\in\Delta_{e+1}} b_{\lambda\nu} t^\nu \quad \text{für alle } \lambda \in \Lambda_o,$$

$$g_{ij}^{e+1} := g_{ij}^e + \gamma_{ij},$$

$$p_{i1}^{e+1} := p_{i1}^e + \pi_{i1}.$$

Das Lemma (17.7) liefert noch Größen π_{in}, $n = 2,\dots,N$, die den Abschätzungen

$$\|\pi_{in}\|_{\tilde{\mathfrak{U}}_\rho} \leq K(\sigma^2+KK''K'^2\sigma^2)\gamma(\rho)^a \leq K_1\sigma^2\gamma(\rho)^a$$

genügen. Setzt man noch

$$p_{in}^{e+1} := p_{in}^e + \pi_{in}, \quad n = 2,\dots,N,$$

und $p_i^{e+1} := (p_{in}^{e+1})_{1\leq n\leq N}$, so ist $y^{e+1} := (p_i^{e+1}, g_{ij}^{e+1})$ die gesuchte Deformation über

$$\mathcal{J}_{e+1} := \sum_{\lambda\in\Lambda_o} \mathcal{H}_{e+1}\omega_\lambda^{e+1}.$$

§ 18. Rückrechnung

18.1. Wir führen zunächst eine allgemeine Betrachtung durch. Seien $\mathfrak{W} << \mathfrak{U}$ adaptierte Überdeckungen von X und sei S ein Unterkeim von B mit Ideal $\mathcal{J}$. Weiter seien $x = (P,g) \in C^1(\mathfrak{W})$ und $y = (\Pi,G) \in C^1(\mathfrak{U})$ Cozyklen über S, sowie $h = (H,M,C) \in C^o_*(\mathfrak{U})$ eine Cokette mit

$$h: x \longrightarrow y \text{ über } S \text{ bzgl. } \mathfrak{W}.$$

Dann gelten über S die Gleichungen

$$M_i[-1]\Pi_i(H_i) = P_iM_i ,$$

$$\begin{aligned}(G_{ij}u_{ij})H_j &= H_i(g_{ij}u_{ij}) + P_{j,1}C_{ji} \\ &= H_i(g_{ij}u_{ij}) + \Pi_{j,1}(H_j)M_{j,1}^{-1}C_{ji}.\end{aligned}$$

Setzt man daher

$$(*) \begin{cases} \overline{P}_i := M_i[-1]\Pi_i(H_i)M_i^{-1} , \\ \overline{g}_{ij} := H_i^{-1}((G_{ij}u_{ij})H_j - \Pi_{j1}(H_j)M_{j,1}^{-1}C_{ji})u_{ji} , \end{cases}$$

so gilt $(\overline{P}_i,\overline{g}_{ij}) = (P_i,g_{ij})$ über S.

Wir definieren jetzt allgemein für $y \in C^1(\mathfrak{U})$ und $h \in C^o_*(\mathfrak{U})$

$$h \,\square\, y := (\overline{P},\overline{g}),$$

wobei $(\overline{P},\overline{g})$ durch die Formel (*) gegeben ist. Die Abbildung

$$\begin{aligned} C^o_*(\mathfrak{U}) \times C^1(\mathfrak{U}) &\longrightarrow C^1(\mathfrak{W}) \\ (h,y) &\longmapsto h \,\square\, y \end{aligned}$$

hat folgende Eigenschaften:

i) Die Abbildung ist differenzierbar; ihr Differential im Punkt

$$(h,y) = ((id,1,0),(P^o,id))$$

ist strikt homogen.

ii) Ist $\eta \in TC^1(\mathcal{U})$ ein Element mit $\eta \equiv 0$ mod $\mathcal{m}^{e+1}$, so gilt

$$h \,\square\, (y+\eta) \equiv (h \,\square\, y) + \eta \quad \text{mod } \mathcal{m}^{e+2}.$$

iii) Ist $y \in C^1(\mathcal{U})$ ein Cozyklus über S und $h \in C^o_*(\mathcal{U})$ beliebig, so ist $h \,\square\, y$ ebenfalls ein Cozyklus über S.

<u>18.2. Satz.</u> Gegeben sei eine Kette

$$\mathcal{W} \ll \tilde{\mathcal{W}} \ll \tilde{\mathcal{U}} \ll \mathcal{U}$$

adaptierter Überdeckungen von X. Dann gibt es Konstanten $K_2 \geq 1$ und $\sigma_2 > 0$, sowie eine Funktion $\theta_2 :]0,\sigma_2] \longrightarrow]0,1]$, so daß folgende Aussage gilt.

<u>Voraussetzung:</u> Sei $e \geq a$, $\mathcal{J}_e \subset \mathcal{H}_e$ eine Erweiterung von $\mathcal{J}_a$ mit Weierstraßfamilie $(\omega^e_\lambda)_{\lambda \in \Lambda}$ und $\mathcal{J}_{e+1} \subset \mathcal{H}_{e+1}$ eine Erweiterung von $\mathcal{J}_e$ mit Weierstraßfamilie $(\omega^{e+1}_\lambda)_{\lambda \in \Lambda}$. Seien $x^e \in C^1(\mathcal{W})$ und $y^e \in C^1(\mathcal{U})$ e-reduzierte Cozyklen über $\mathcal{J}_e$ und $\tilde{y}^{e+1} \in C^1(\tilde{\mathcal{U}})$ ein (e+1)-reduzierter Cozyklus über $\mathcal{J}_{e+1}$ mit

$$x^e \equiv x^a \quad \text{mod } \mathcal{m}^{a+1},$$
$$y^e \equiv y^a \quad \text{mod } \mathcal{m}^{a+1},$$
$$\tilde{y}^{e+1} \equiv y^e \quad \text{mod } \mathcal{m}^{e+1}.$$

Außerdem sei eine e-reduzierte Cokette $\tilde{h}^e \in C^o_*(\tilde{\mathcal{W}})$ mit

$$\tilde{h}^e \equiv \tilde{h}^a \quad \text{mod } \mathcal{m}^{a+1}$$

und

$$\tilde{h}^e : x^e \longrightarrow y^e \quad \text{über } \mathcal{J}_e \text{ bzgl. } \mathcal{W}$$

gegeben.

Mit den Konstanten $0 < \sigma,\tau \leq \sigma_2$ und dem Multiradius $\rho = \theta \rho_o$,

$0 < \theta \leq \theta_2(\sigma)$, mögen die folgenden Abschätzungen gelten:

$$\|\omega^e - \omega_\lambda^a\|_\rho \leq \sigma\gamma(\rho)^a \quad \text{für alle } \lambda \in \Lambda_o,$$
$$\|x^e - x^a\|_{\mathfrak{W}_\rho} \leq \sigma\gamma(\rho)^a,$$
$$\|y^e - y^a\|_{\mathfrak{U}_\rho} \leq \sigma\gamma(\rho)^a,$$
$$\|\tilde{h}^e - \tilde{h}^a\|_{\tilde{\mathfrak{W}}_\rho} \leq \sigma\gamma(\rho)^a,$$

sowie

$$\|\omega_\lambda^{e+1} - \omega_\lambda^e\|_\rho \leq \tau\gamma(\rho)^a \quad \text{für alle } \lambda \in \Lambda_o,$$
$$\|\tilde{y}^{e+1} - y^e\|_{\tilde{\mathfrak{U}}_\rho} \leq \tau\gamma(\rho)^a.$$

Behauptung: Es gibt einen (e+1)-reduzierten Cozyklus $x^{e+1} \in C^1(\mathfrak{W})$ über $\mathcal{J}_{e+1}$ mit

i) $x^{e+1} \equiv x^e \mod \mathfrak{m}^{e+1}$

ii) $\tilde{h}^e : x^{e+1} \longrightarrow \tilde{y}^{e+1}$ über $\mathcal{J}_{e+1}$ bzgl. $\mathfrak{W}$

iii) $\|x^{e+1} - x^e\|_{\mathfrak{W}_\rho} \leq K_2(\sigma^2+\tau)\gamma(\rho)^a$.

Beweis. Es gilt $\tilde{y}^{e+1} = y^e + \eta$, wobei η ein (e+1)-reduziertes Element mit $\eta \equiv 0 \mod \mathfrak{m}^{e+1}$ ist. Wir definieren

$$x^{e+1} := \mathrm{Red}_{\mathcal{J}_{e+1}}(\tilde{h}^e \square \tilde{y}^{e+1}) = \mathrm{Red}_{\mathcal{J}_{e+1}}(\tilde{h}^e \square y^e) + \eta.$$

Damit sind (i) und (ii) erfüllt. Um die Abschätzung zu beweisen, definieren wir eine differenzierbare Abbildung

$$\Psi: C_*^o(\tilde{\mathfrak{U}}) \times C^1(\mathfrak{U}) \times C^1(\mathfrak{W}) \longrightarrow TC^1(\mathfrak{W})$$
$$(h,y,x) \longmapsto h \square y - x.$$

Diese Abbildung hat im ausgezeichneten Punkt strikt homogenes Differential und es gilt

$$\mathrm{Red}_{\mathcal{J}_a}\Psi(\tilde{h}^a, y^a, x^a) = 0,$$
$$\mathrm{Red}_{\mathcal{J}_e}\Psi(\tilde{h}^e, y^e, x^e) = 0.$$

Auf Ψ ist das Überschußlemma (16.3) anwendbar und liefert Abschätzungsgrößen (K,σ_o,θ_o). Wir setzen $K_2 := K + 1$, $\sigma_2 := \sigma_o$ und $\theta_2 := \theta_o$. Für

$$\xi := \mathrm{Red}_{\mathcal{J}_{e+1}} \Psi(\tilde{h}^e, y^e, x^e) = \mathrm{Red}_{\mathcal{J}_{e+1}} (\tilde{h}^e \sqcap y^e) - x_e$$

gilt dann die Abschätzung

$$\|\xi\|_{\mathfrak{W}_\rho} \leq K(\sigma^2+\tau)\gamma(\rho)^a,$$

also

$$\|x^{e+1} - x^e\|_{\mathfrak{W}\rho} = \|\xi + \eta\|_{\mathfrak{W}\rho} \leq K(\sigma^2+\tau)\gamma(\rho)^a + \tau\gamma(\rho)^a$$
$$\leq K_2(\sigma^2+\tau)\gamma(\rho)^a.$$

§ 19. Glättungssätze

19.1. In diesem Paragraphen verwenden wir die Kette

$$\mathfrak{M} \ll \mathfrak{N} \ll \tilde{\mathfrak{N}} \ll \tilde{\mathfrak{U}} \ll \mathfrak{U}$$

adaptierter Überdeckungen von X.
Der Glättungssatz (14.2) liefert zusammen mit dem Reduktionslemma (16.1) unmittelbar den folgenden Satz.

19.2. Satz (Glättungssatz erster Art). Es gibt Konstanten $K_3 \geq 1$ und $\sigma_3 > 0$, sowie eine Funktion $\theta_3 :]0,\sigma_3] \longrightarrow]0,1]$, so daß folgende Aussage gilt.

Voraussetzung: Sei $e \geq a$, $\mathcal{J}_e \subset \mathcal{H}_e$ eine Erweiterung von $\mathcal{J}_a$ mit Weierstraßfamilie $(\omega_\lambda^e)_{\lambda\in\Lambda}$. Sei $x^e \in C^1(\mathfrak{N})$ ein e-reduzierter Cozyklus über $\mathcal{J}_e$ mit $x^e \equiv x^a \bmod \mathfrak{m}^{a+1}$. Mit der Konstanten $0 < \sigma \leq \sigma_3$ und dem Multiradius $\rho = \theta\rho_o$, $0 < \theta \leq \theta_3(\sigma)$ mögen die folgenden Abschätzungen gelten:

$$\|\omega^e - \omega_\lambda^a\|_\rho \leq \sigma\gamma(\rho)^a \text{ für alle } \lambda \in \Lambda_o,$$
$$\|x^e - x^a\|_{\mathfrak{N}\rho} \leq \sigma\gamma(\rho)^a.$$

Behauptung: Setzt man

$$(y^e;h^e) := \mathrm{Red}_{\mathcal{J}_e}\,\Omega(x^e) \in C^1(\mathfrak{U}) \times C^o(\mathfrak{M})$$

(dabei ist Ω der Glättungsoperator von 14.2), so ist y^e ein e-reduzierter Cozyklus über $\mathcal{J}_e$ mit $y^e \equiv y^a \bmod \mathfrak{m}^{a+1}$ und

$$h^e : x^e \longrightarrow y^e \text{ über } \mathcal{J}_e \text{ bzgl. } \mathfrak{M}.$$

Es gelten die Abschätzungen

$$\|y^e - y^a\|_{\mathfrak{U}\rho} \leq K_3\sigma\gamma(\rho)^a,$$
$$\|h^e - h^a\|_{\mathfrak{M}\rho} \leq K_3\sigma\gamma(\rho)^a.$$

Wir formulieren jetzt einen Glättungssatz zweiter Art, der die Glättung der Transformationen $h^e : x^e \longrightarrow y^e$ betrifft.

<u>19.3. Satz</u> (Glättungssatz zweiter Art). Es gibt Konstanten $K_4 \geq 1$ und $\sigma_4 \geq 0$, sowie eine Funktion $\theta_4\colon\ ]0,\sigma_4] \longrightarrow\ ]0,1]$, so daß folgende Aussage gilt.

<u>Voraussetzung:</u> Sei $e > a$, $\mathcal{J}_e \subset \mathcal{H}_e$ eine Erweiterung von $\mathcal{J}_a$ mit Weierstraßfamilie $(\omega_\lambda^e)_{\lambda\in\Lambda}$ und seien $x^e \in C^1(\mathfrak{V})$, $y^e \in C^1(\mathfrak{U})$, $\tilde{y}^e \in C^1(\tilde{\mathfrak{U}})$ e-reduzierte Cozyklen über $\mathcal{J}_e$ mit

$$x^e \equiv x^a \quad \mathrm{mod}\ \mathfrak{m}^{a+1}$$
$$y^e \equiv y^a \quad \mathrm{mod}\ \mathfrak{m}^{a+1}$$
$$y^e \equiv \tilde{y}^e \quad \mathrm{mod}\ \mathfrak{m}^{e}.$$

Außerdem seien eine e-reduzierte Cokette $h^e \in C^o(\mathfrak{W})$ mit

$$h^e\colon x^e \longrightarrow y^e \text{ über } \mathcal{J}_e \text{ bzgl. } \mathfrak{W}$$

und eine (e-1)-reduzierte Cokette $\tilde{h}^{e-1} \in C^o_*(\widetilde{\mathfrak{V}})$ mit

$$\tilde{h}^{e-1}\colon x^e \longrightarrow \tilde{y}^e \text{ über } \mathcal{J}_e \text{ bzgl. } \mathfrak{V}$$

vorgegeben, so daß das Diagramm

$$(1)\qquad \begin{array}{ccc} & & y^{e-1} \\ & \nearrow^{h^e|B_{e-1}} & \\ x^{e-1} & & \downarrow \mathrm{id} \\ & \searrow_{\tilde{h}^{e-1}} & \\ & & y^{e-1} \end{array}$$

über $\mathcal{J}_{e-1} := \mathcal{J}_e|B_{e-1}$ kommutiert, wobei

$$x^{e-1} := x^e|B_{e-1},\ y^{e-1} := y^e|B_{e-1} = \tilde{y}^e|B_{e-1}.$$

Mit den Konstanten $0 < \sigma \leq \tilde{\sigma} \leq \sigma_4$ und dem Multiradius $\rho = \theta\rho_o$, $0 < \theta \leq \theta_4(\tilde{\sigma})$ mögen die folgenden Abschätzungen gelten:

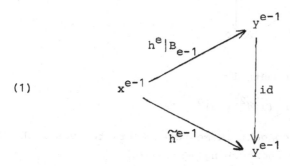

$$\|\omega_\lambda^e - \omega_\lambda^a\|_\rho \leq \sigma\gamma(\rho)^a \quad \text{für alle } \lambda \in \Lambda_o,$$
$$\|x^e - x^a\|_{\mathfrak{X}_\rho} \leq \sigma\gamma(\rho)^a,$$
$$\|y^e - y^a\|_{\mathfrak{U}_\rho} \leq \sigma\gamma(\rho)^a,$$
$$\|\tilde{y}^e - y^a\|_{\tilde{\mathfrak{V}}_\rho} \leq \sigma\gamma(\rho)^a,$$
$$\|h^e - h^a\|_{\mathfrak{M}_\rho} \leq \sigma\gamma(\rho)^a$$

und

$$\|\tilde{h}^{e-1} - \tilde{h}^a\|_{\tilde{\mathfrak{W}}_\rho} \leq \tilde{\sigma}\gamma(\rho)^a.$$

Behauptung: Es gibt eine e-reduzierte Cokette $\tilde{h}^e \in C_*^o(\tilde{\mathfrak{W}})$ mit

i) $\tilde{h}^e \equiv \tilde{h}^{e-1} \mod \mathfrak{m}^e$,

ii) $\tilde{h}^e\colon x^e \longrightarrow y^e$ über $\mathcal{J}_e$ bzgl. $\mathfrak{N}$,

iii) Das Diagramm

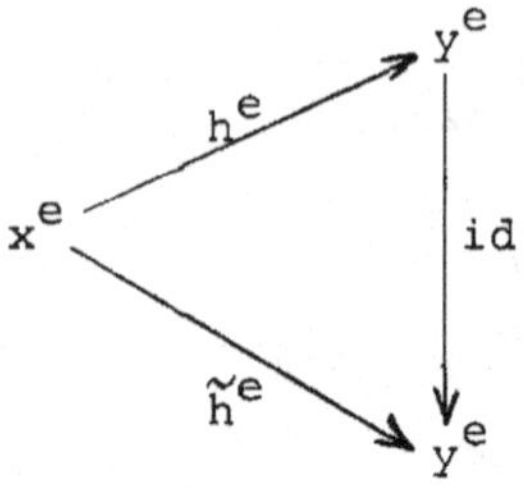

ist über $\mathcal{J}_e$ bzgl. $\mathfrak{M}$ kommutativ

iv) $\|\tilde{h}^e - \tilde{h}^{e-1}\|_{\tilde{\mathfrak{W}}_\rho} \leq K_4(\sigma+\tilde{\sigma}^2)\gamma(\rho)^a$.

Beweis. Die Konstruktion geht in mehreren Schritten vor sich. Wir wählen eine adaptierte Überdeckung $\mathfrak{M}' \ll \mathfrak{M}$.

a) Hilfssatz. Es gibt eine differenzierbare Abbildung

$$\Phi\colon C^o(\mathfrak{M}) \times C^o(\mathfrak{M}) \times C_b^o(\mathfrak{M},\mathcal{P}) \longrightarrow C_b^o(\mathfrak{M}',\mathcal{L})$$

mit folgender Eigenschaft:

Sei $S \subset B$ ein Unterkeim, $P \in C^{o}_{\mathcal{b}}(\mathfrak{M},\mathfrak{P})$ eine Kette von Komplexen über S und seien $h,H \in C^{o}(\mathfrak{M})$ mit

$$h \equiv H \bmod(P_1) \text{ über } S.$$

Für $A := \Phi(h,H,P)$ gilt dann $A(0) = 0$ und

$$h = H + P_1 A \text{ über } S \text{ bzgl. } \mathfrak{M}'.$$

Die Existenz von Φ folgt einfach aus dem Aufspaltungslemma (11.3).

b) Auf die Abbildung Φ wenden wir das Reduktionslemma (16.1) zum Anfangspunkt (h^a,H^a,P^a) an, dabei ist $\tilde{h}^a = (H^a,M^a,C^a)$ und $x^a = (P^a,g^a)$. Seien (K',σ',θ') die zugehörigen Abschätzungsdaten. Wir setzen

$$A^a := \mathrm{Red}_{\mathcal{J}_a} \Phi(h^a,H^a,P^a),$$

$$A^{e-1} := \mathrm{Red}_{\mathcal{J}_{e-1}} \Phi(h^{e-1},H^{e-1},P^{e-1}).$$

Wegen (1) gilt

$$h^{e-1} \equiv H^{e-1} \bmod(P_1^{e-1}) \text{ über } \mathcal{J}_{e-1},$$

also nach dem Hilfssatz (a)

$$(2) \quad h^{e-1} = H^{e-1} + P_1^{e-1}A^{e-1} \text{ über } \mathcal{J}_{e-1}.$$

c) Sei Ψ die wie folgt definierte differenzierbare Abbildung

$$\Psi\colon C^{o}(\mathfrak{M}) \times C^{o}(\mathfrak{M}) \times C^{o}_{\mathcal{b}}(\mathfrak{M},\mathfrak{P}) \times C^{o}_{\mathcal{b}}(\mathfrak{M}',\mathfrak{L})^{o} \longrightarrow TC^{o}(\mathfrak{M}',\mathcal{G}),$$

$$\Psi(h,H,P,A) = h - H - P_1 A.$$

Es gilt $\mathrm{Red}_{\mathcal{J}_a} \Psi(h^a,H^a,P^a,A^a) = 0$, also können wir auf Ψ das Überschußlemma (16.3) anwenden und erhalten Abschätzungsdaten (K'',σ'',θ'').

Wir setzen

$$\sigma_4 := \min(\sigma', \frac{\sigma''}{K'}),$$

$$\theta_4(\tilde{\sigma}) := \min(\theta'(\tilde{\sigma}), \theta''(K'\tilde{\sigma})).$$

Aus den vorausgesetzten Abschätzungen folgt dann

$$\|A^{e-1} - A^a\|_{\mathfrak{M}'\rho} \leq K'\tilde{\sigma}\gamma(\rho)^a.$$

Wegen (2) ist $\mathrm{Red}_{\mathfrak{J}_{e-1}} \Psi(h^{e-1}, H^{e-1}, P^{e-1}, A^{e-1}) = 0$. Da $\|\omega_\lambda^e - \omega_\lambda^{e-1}\|_\rho \leq \sigma\gamma(\rho)^a$ für alle $\lambda \in \Lambda_o$, ergibt sich aus dem Überschußlemma für

$$w := \mathrm{Red}_{\mathfrak{J}_e} \Psi(h^{e-1}, H^{e-1}, P^{e-1}, A^{e-1}) = h^{e-1} - H^{e-1} - P_1^{e-1}A^{e-1}$$

die Abschätzung

$$\|w\|_{\mathfrak{M}'\rho} \leq K''\big((K'\tilde{\sigma})^2 + \sigma\big)\gamma(\rho)^a.$$

Sei $w' := h^e - h^{e-1}$. Es gilt $\|w'\|_{\mathfrak{M}\rho} \leq \sigma\gamma(\rho)^a$. Da $A^{e-1}(0) = 0$, gilt $P_1^{e-1}A^{e-1} = P_1^eA^{e-1}$ über $\mathfrak{J}_e$, also

$$h^e = H^{e-1} + (w - w') + P_1^eA^{e-1} \text{ über } \mathfrak{J}_e \text{ bzgl. } \mathfrak{M}',$$

d.h.

$$(3) \quad h^e \equiv H^{e-1} + v \bmod(P_1^e) \text{ über } \mathfrak{J}_e$$

wobei

$$v := w - w',$$
$$\|v\|_{\mathfrak{M}'\rho} \leq \|w\|_{\mathfrak{M}'\rho} + \|w'\|_{\mathfrak{M}'\rho} \leq K^*(\tilde{\sigma}^2+\sigma)\gamma(\rho)^a,$$

mit der Konstanten $K^* := 2K''K'^2$. Nach (3) ist das Diagramm

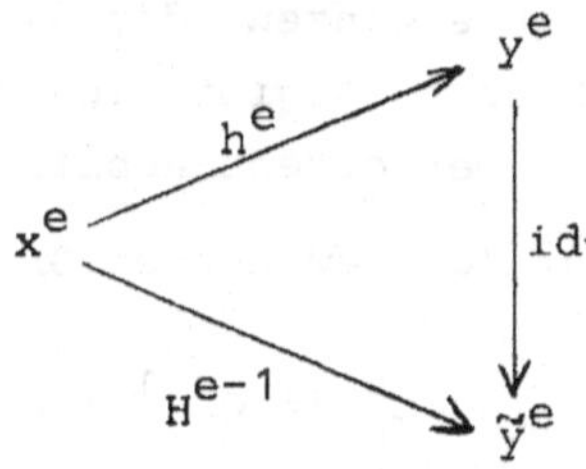

über $\mathfrak{J}_e$ bzgl. $\mathfrak{M}'$ kommutativ.

<u>d) Hilfssatz.</u> Es gibt eine von $\rho = \theta\rho_o$ unabhängige Konstante $\tilde{K} \geq 1$ mit folgender Eigenschaft:

Sind $\tilde{y}^e, y^e \in C^1(\tilde{\mathfrak{U}})$ e-reduzierte Cozyklen über $\mathfrak{J}_e$ mit $\tilde{y}^e \equiv y^e \bmod \mathfrak{m}^e$ und $id + v \in C^o(\mathfrak{M}')$ eine e-reduzierte Cokette mit $v \equiv 0 \bmod \mathfrak{m}^e$ und

$$id + v\colon \tilde{y}^e \longrightarrow y^e \text{ über } \mathfrak{J}_e \text{ bzgl. } \mathfrak{M}',$$

so existiert eine e-reduzierte Cokette

$$\mathfrak{w} := (id+\bar{v},\ 1+\mu,\ c) \in C^o_*(\tilde{\mathfrak{W}}),$$

so daß gilt:

i) $\mathfrak{w}\colon \tilde{y}^e \longrightarrow y^e$ über $\mathfrak{J}_e$ bzgl. $\tilde{\mathfrak{W}}$,

ii) $(\bar{v},\mu,c) \equiv 0 \bmod \mathfrak{m}^e$,

iii) $\bar{v}|\mathfrak{M}' \equiv v \bmod (P^o_1)$,

iv) $\|(\bar{v},\mu,c)\|_{\tilde{\mathfrak{W}}\rho} \leq \tilde{K}\max(\|v\|_{\mathfrak{M}'\rho}, \|\tilde{y}^e - y^e\|_{\tilde{\mathfrak{U}}\rho})$.

<u>Beweis.</u> Ist $y^e = (P^e,g^e)$ und $\tilde{y}^e = (\tilde{P}^e,\tilde{g}^e)$, und setzt man $(\pi,\gamma) := (\tilde{P}^e_1 - P^e_1,\ \tilde{g}^e - g^e)$, so ist (π,γ) nach Corollar (7.5) ein Cozyklus; genauer gilt $d^o v = (\pi,\gamma)$ bzgl. $\mathfrak{M}'$. Die Existenz von $\bar{v}$ mit

$$id + \bar{v}\colon \tilde{y}^e \longrightarrow y^e \text{ über } \mathfrak{J}_e \text{ bzgl. } \tilde{\mathfrak{W}}$$

folgt deshalb aus Lemma (7.8). Nun ist es leicht, $1 + \bar{v}$ durch

$1 + \mu$ und c zu einem $\mathfrak{w} \in C^{o}_{*}(\widetilde{\mathfrak{W}})$ zu ergänzen, das die Bedingungen (i) bis (iii) erfüllt. Die Abschätzung ergibt sich durch geeignete Anwendung des Banachschen Satzes über offene Abbildungen.

e) Wir definieren nun mit den aus (d) gewonnenen Größen

$$H^{e} := H^{e-1} + \bar{v},\ M^{e} := M^{e-1} + \mu,\ C^{e} := C^{e-1} + c$$

und $\tilde{h}^{e} := (H^{e}, M^{e}, C^{e})$. Damit gelten dann die Behauptungen (i), (ii) und (iii) des Satzes und die Abschätzung

$$\|\tilde{h}^{e} - \tilde{h}^{e-1}\|_{\widetilde{\mathfrak{W}}_{\rho}} = \|(\bar{v},\mu,c)\|_{\widetilde{\mathfrak{W}}_{\rho}} \leq \tilde{K}K^{*}(\tilde{\sigma}^{2}+\sigma)\gamma(\rho)^{a},$$

wir können also $K_{4} := \tilde{K}K^{*}$ setzen.

§ 20. Konvergenzbeweis

Wir benutzen jetzt die in den §§ 17 bis 19 gemachten Vorbereitungen, um die Konstruktion der versellen Deformation von X durchzuführen.

20.1. Festlegung der Konstanten. Wir beziehen uns auf die Abschätzungsdaten $(K_i, \sigma_i, \theta_i)$, $i = 1,\ldots,4$, der Sätze (17.8), (18.2), (19.2), (19.3) und definieren:

$$K := \max(K_1, K_2, K_3, K_4)$$
$$L := 2K^2$$
$$\sigma_o := \min(\sigma_1, \sigma_2, \sigma_3, \sigma_4)$$
$$\varepsilon := \min\left(\frac{\sigma_o}{L}, \frac{1}{5K^5}\right).$$

Außerdem definieren wir den Multiradius $\rho := \theta\rho_o$ mit

$$\theta := \min(\theta_1(K\varepsilon), \theta_2(L\varepsilon), \theta_3(\varepsilon), \theta_4(L\varepsilon)).$$

20.2. Induktionsbehauptung. Wir konstruieren durch vollständige Induktion über $e \geq a$ folgende Daten:

a) Ideale $\mathcal{J}_e \subset \mathcal{H}_e$ mit Weierstraßfamilie $(\omega_\lambda^e)_{\lambda\in\Lambda}$.

b) e-reduzierte Cozyklen $x^e \in C^1(\mathfrak{X})$ und $y^e \in C^1(\mathfrak{U})$ über $\mathcal{J}_e$.

c) e-reduzierte Coketten $h^e \in C^o(\mathfrak{W})$ und $\tilde{h}^e \in C_*^o(\tilde{\mathfrak{X}})$.

Diese Daten haben folgenden Bedingungen zu genügen:

1.e) $\omega_\lambda^e \equiv \omega_\lambda^{e-1} \mod \mathfrak{m}^e$ für alle $\lambda \in \Lambda$,

2.e) $x^e \equiv x^{e-1} \mod \mathfrak{m}^e$,

3.e) $\tilde{h}^e \equiv \tilde{h}^{e-1} \mod \mathfrak{m}^e$,

4.e) $(y^e, h^e) = \mathrm{Red}_{\mathcal{J}_e}\,\Omega(x^e)$,

5.e) $\tilde{h}^e : x^e \longrightarrow y^e$ über $\mathcal{J}_e$ bzgl. $\mathfrak{W}$.

6.e) Das Diagramm

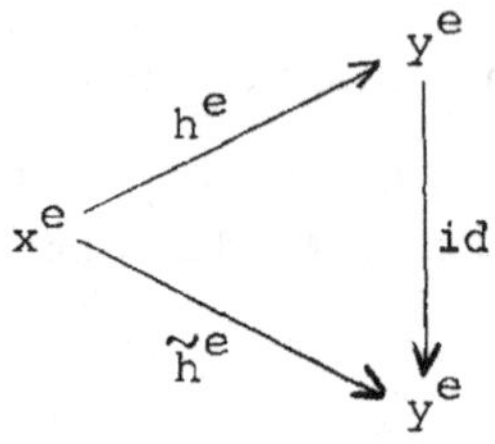

ist über $\mathcal{J}_e$ bzgl. $\mathfrak{M}$ kommutativ.

7.e) Es gelten die Abschätzungen

i) $\|\omega_\lambda^e - \omega_\lambda^a\|_\rho \leq \varepsilon\gamma(\rho)^a$ für alle $\lambda \in \Lambda_o$,

ii) $\|x^e - x^a\|_{\mathfrak{X}_\rho} \leq \varepsilon\gamma(\rho)^a$,

iii) $\|\tilde{h}^e - \tilde{h}^a\|_{\tilde{\mathfrak{X}}_\rho} \leq L\varepsilon\gamma(\rho)^a$.

Der Induktionsanfang wurde bereits in (15.7) behandelt. Der Induktionsschluß e $\Rightarrow$ e+1 erfolgt in vier Einzelschritten nach dem folgenden Schema:

	$\mathfrak{M}$	$\mathfrak{X}$	$\tilde{\mathfrak{X}}$	$\tilde{\mathfrak{Y}}$	$\mathfrak{Y}$	
Ind.-Vor.	h^e	x^e	$\tilde{h}^e$		y^e	ω_λ^e
1.Schritt				$\tilde{y}^{e+1}$		ω_λ^{e+1}
2.Schritt		x^{e+1}				
3.Schritt	h^{e+1}				y^{e+1}	
4.Schritt			$\tilde{h}^{e+1}$			

<u>1. Schritt:</u> Fortsetzung um eine Ordnung. Nach Satz (19.2) gilt wegen (4.e) und (7.e) die Abschätzung

$$\|y^e - y^a\|_{\mathfrak{V}_\rho} \leq K\varepsilon\gamma(\rho)^a.$$

Der Satz (17.8) ist deshalb mit $\sigma = K\varepsilon$ anwendbar. Wir erhalten damit eine Erweiterung $\mathcal{J}_{e+1} \subset \mathcal{H}_{e+1}$ von $\mathcal{J}_e$ mit Weierstraßfamilie $(\omega_\lambda^{e+1})_{\lambda\in\Lambda}$ und einen (e+1)-reduzierten Cozyklus $\tilde{y}^{e+1} \in C^1(\tilde{\mathfrak{V}})$ über $\mathcal{J}_{e+1}$ mit

a) $\tilde{y}^{e+1} \equiv y^e \mod \mathfrak{m}^{e+1}$,

b) $\|\omega_\lambda^{e+1} - \omega_\lambda^e\|_\rho \leq K(K\varepsilon)^2\gamma(\rho)^a$ für alle $\lambda \in \Lambda_o$,

c) $\|\tilde{y}^{e+1} - y^e\|_{\tilde{\mathfrak{V}}_\rho} \leq K(K\varepsilon)^2\gamma(\rho)^a$.

Damit gilt (1.e+1) und wegen $K(K\varepsilon)^2 \leq \varepsilon$ ist auch die Abschätzung (7.e+1.i) erfüllt.

<u>2. Schritt:</u> Rückrechnung.
Der Satz (18.2) ist mit $\sigma = L\varepsilon$ und $\tau = K^3\varepsilon^2$ anwendbar. Wir erhalten einen (e+1)-reduzierten Cozyklus $x^{e+1} \in C^1(\mathfrak{N})$ über $\mathcal{J}_{e+1}$ mit (2.e+1) und

d) $\tilde{h}^e\colon x^{e+1} \longrightarrow \tilde{y}^{e+1}$ über $\mathcal{J}_{e+1}$ bzgl. $\mathfrak{N}$,

e) $\|x^{e+1} - x^e\|_{\mathfrak{N}_\rho} \leq K(L^2\varepsilon^2+K^3\varepsilon^2)\gamma(\rho)^a$.

Da $K(L^2\varepsilon^2+K^3\varepsilon^2) \leq 5K^5\varepsilon^2 \leq \varepsilon$, ist die Abschätzung (7.e+1.ii) erfüllt.

<u>3. Schritt:</u> Glättung erster Art.
Der Satz (19.2) ist für die Ordnung (e+1) mit $\sigma = \varepsilon$ anwendbar. Für

$$(y^{e+1},h^{e+1}) := \mathrm{Red}_{\mathcal{J}_{e+1}}\Omega(x^{e+1})$$

gelten deshalb die Abschätzungen

f) $\|y^{e+1} - y^a\|_{\mathfrak{V}_\rho} \leq K\varepsilon\gamma(\rho)^a$,

g) $\|h^{e+1} - h^a\|_{\mathfrak{M}_\rho} \leq K\varepsilon\gamma(\rho)^a$.

Wegen $x^{e+1} \equiv x^e \bmod \mathfrak{m}^{e+1}$ und der Differenzierbarkeit von Ω gilt auch $y^{e+1} \equiv y^e \bmod \mathfrak{m}^{e+1}$ und $h^{e+1} \equiv h^e \bmod \mathfrak{m}^{e+1}$, woraus mit (a) folgt, daß $y^{e+1} \equiv \tilde{y}^{e+1} \bmod \mathfrak{m}^{e+1}$.

4. Schritt: Glättung zweiter Art.
Aus (c) und (f) folgt

$$\|\tilde{y}^{e+1} - y^a\|_{\tilde{\mathfrak{U}}_\rho} \leq K\varepsilon\gamma(\rho)^a.$$

Satz (19.3) läßt sich deshalb für die Ordnung (e+1) mit den Konstanten $\sigma = K\varepsilon$ und $\sigma = L\varepsilon$ anwenden. Wir erhalten damit eine (e+1)-reduzierte Cokette $\tilde{h}^{e+1} \in C^0_*(\tilde{\mathfrak{V}})$, die (3.e+1), (5.e+1) und (6.e+1) erfüllt und der Abschätzung

$$\|\tilde{h}^{e+1} - \tilde{h}^e\|_{\tilde{\mathfrak{V}}_\rho} \leq K(K\varepsilon+(L\varepsilon)^2)\gamma(\rho)^a$$

genügt. Da $K(K\varepsilon+(L\varepsilon)^2) = (K^2+KL^2\varepsilon)\varepsilon \leq L\varepsilon$, ist auch (7.e+1.iii) erfüllt.
Damit ist der Induktionsschritt beendet.

20.3. Wir setzen

$$\omega := \lim_{e\to\infty} \omega^e_\lambda ,$$

$$x := \lim_{e\to\infty} x^e .$$

Die Familie $(\omega_\lambda)_{\lambda\in\Lambda}$ definiert einen Unterkeim $S \subset B$. Das Element $x \in C^1(\mathfrak{V})$ ist ein Cozyklus über S, definiert deshalb eine Deformation Y von X über S, die nach Konstruktion e-versell für jedes e ist. Nach dem Satz von Schuster-Wavrik (1.8) ist $Y \to S$ eine verselle Deformation von X.

Literaturverzeichnis

[1] Bourbaki, N.: Algèbre commutative. Paris: Hermann 1961.

[2] Cartan, H.: Sur les matrices holomorphes de n variables complexes. Journal de Math., 9e série, 19, 1-26 (1940).

[3] Commichau, M.: Deformation kompakter komplexer Mannigfaltigkeiten. Math. Ann. 213, 43-96 (1975).

[4] Douady, A.: Le problème des modules pour les sous-espaces analytiques compacts d'un espace analytique donné. Ann. Inst. Fourier 16, 1-95 (1966).

[5] Douady, A.: Flatness and privilege. Topics in several complex variables, pp. 47-74. Monographie No. 17 de l'Enseignement Mathématique, Genève 1971.

[6] Douady, A.: Le problème des modules locaux pour les espaces C-analytiques compacts. Annales scient. ENS, 4e série, 7, 569-602 (1974).

[7] Forster, O., Knorr, K.: Über die Deformationen von Vektorraumbündeln auf kompakten komplexen Räumen. Math. Ann. 209, 291-346 (1974).

[8] Forster, O., Knorr, K.: Ein neuer Beweis des Satzes von Kodaira-Nirenberg-Spencer. Math. Z. 139, 257-291 (1974).

[9] Forster, O.: Power series methods in deformation theory. Proceedings of Symposia in Pure Mathematics, vol. 30, Part 2, pp. 199-217 , AMS 1977.

[10] Frisch, J.: Points de platitude d'un morphisme d'espaces analytiques complexes. Invent. math. 4, 118-138 (1967).

[11] Godement, R.: Topologie algébrique et théorie des faisceaux. Paris: Hermann 1964.

[12] Grauert, H., Remmert, R.: Analytische Stellenalgebren. Berlin, Heidelberg, New York: Springer 1971.

[13] Grauert, H.: Über die Deformation isolierter Singularitäten analytischer Mengen. Invent. math. 15, 171-198 (1972).

[14] Grauert, H.: Der Satz von Kuranishi für kompakte komplexe Räume. Invent. math. 25, 107-142 (1974).

[15] Grothendieck, A.: Techniques de construction en géométrie analytique IX. Quelques problèmes de modules. Séminaire H. Cartan 13e année, exposé 16. ENS Paris 1960/61.

[16] Illusie, L.: Complexe cotangent et déformations I, II. Lecture Notes in mathematics, Vols. 239 (1971), 283 (1972). Springer-Verlag.

[17] Kerner, H.: Familien komplexer Räume zu gegebenen infinitesimalen Deformationen. Manuscripta math. 1, 317-337 (1969).

[18] Kodaira, K., Spencer, D.C.: A theorem of completeness for complex analytic fibre spaces. Acta math. 100, 281-294 (1958).

[19] Kodaira, K., Nirenberg, L., Spencer, D.C.: On the existence of deformations of complex analytic structures. Ann. of Math. II. Ser. 68, 450-459 (1958).

[20] Kuranishi, M.: On the locally complete families of complex analytic structures. Ann. of Math. 75, 536-577 (1962).

[21] Lang, S.: Real Analysis. Reading, Mass.: Addison-Wesley 1969.

[22] Lichtenbaum, S., Schlessinger, M.: The cotangent complex of a morphism. Trans. AMS 128, 41-70 (1967).

[23] Schlessinger, M.: Functors of Artin rings. Trans. AMS 130, 208-222 (1968).

[24] Schuster, H.W.: Formale Deformationstheorien. Habilitationsschrift München 1971.

[25] Siu, Y.T.: Every Stein subvariety admits a Stein neighborhood. Inventiones math. 38, 89-100 (1976).

[26] Tjurina, G.N.: Locally semiuniversal flat deformations of isolated singularities of complex spaces. Mathematics of the USSR-Izvestija, 3, 967-999 (1969).

[27] Wavrik, J.J.: A theorem of completeness for families of compact analytic spaces. Trans. Amer. math. Soc. 163, 147-155 (1972).

[28] Palamodov, V.P.: Deformations of complex spaces. Russian Math. Surveys 31, No. 3, 129-197 (1976).

Index

adaptierte Überdeckung 20
analytische Einspannung 21
Aufbereitung 19
Aufspaltungshilfssatz 58
Aufspaltungslemma 64 ff, 65
-, privilegiertes 66
Automorphismenprojektion 80
Automorphismus, vertikaler 12, 15, 61 ff

Bourbaki 6, 7

Cartan,H. 23
Cauchyabschätzung 54
Čechableitung 31
cohomolog 25
Cotangentialsystem 27
Cousinsches Induktionsprinzip 87
Cozyklus 17, 24
-, zerfallender 17

Def(X,S) 3
Deformationen
-, effektive 4
-, e-verselle 4
-, e-vollständige 4
-, Einspannung von 19
-, formale 4
-, formal verselle 5
-, Heftungslemma für 85
-, infinitesimale 3
-, in Gleichung gesetzte 103, 111
-, lokale Einbettung von 10 ff
-, Morphismus von 3
-, Theorem B für 83 ff, 87
-, verselle 4
-, vollständige 4

differenzierbar 53
Divisionssatz, Grauertscher 69
Douady,A. ii

effektive Deformation 4
Einbettung
lokale E. von Deformationen 10 ff
-, Mehrdeutigkeit der 12
Einspannung
-, analytische 21
-, geometrische 19
-, von Deformationen 19 ff
Erweiterung, kleine 41
Ex_X^o , Ex_X^1 29
Ex_X^n 31
Exaktheitskriterium 7
Extensionskomplex 27 ff, 35
-, Filtration des 36

Familien komplexer Räume 2
-, Morphismus von 2
-, platte 3
Filtration des Extensionskomplexes 36
formale Deformation 4
formal verselle Deformation 5
Frisch,J. 2

geometrische Einspannung 19
Glättungssatz 50 ff, 124 ff
-, erster Art 92, 124
-, zweiter Art 125
Grauert,H. ii,iii, 19, 50
-, Divisionssatz von 69
-, Divisions- und Erweiterungstheorie von 99
-, Reduktionstheorie von 68
Grothendieck,A. i, ii

Heftungslemma 83, 84, 85
Hinderniscozyklus 41, 43
Hindernistheorie 41 ff

implizite Funktionen, Satz über 55
induktiv normierte Räume 51 ff
infinitesimale Deformation 3
Isomorphiekriterium 8

Kerner,H. iii
kleine Erweiterung 41
Kodaira,K. ii
Kuranishi,M. ii

Lichtenbaum,S. 31

Morphismus
-, strikt homogener 107
-, von Deformationen 3
-, von Familien komplexer Räume 3

Nirenberg,L. ii

$\check{\mathcal{O}}^1_X$ 28
Ordnung, eines Raumkeims 4

platt 2, 3
Plattheit 6 ff
Potenzreihe, reduzierte 69
privilegiert 65
-es Aufspaltungslemma 66
Projektionslemma 69
Pseudodeformation 14 ff, 15

Reduktionslemma 106 ff
Reduktionstheorie, Grauertsche 68
reduzierte Indizes 68

reduzierte Potenzreihe 68
Relationenkriterium 6

Schlessinger,M. ii, 4, 31, 99
Schuster,H.W. 4, 134
Siu,Y.T. 10
Spencer,D.C. ii
strikt homogen 107

Tangentialsystem 27
-, Čechableitung im 31
-, Transformationsformeln im 28
Theorem B 83 ff, 87
Tjurina,G.N. iii
Tansformation, in Gleichung gesetzte 103
Transformationslemma 76

Überdeckung, adaptierte 20
Überschußlemma 106 ff, 107

e-verselle Deformation 4
e-vollständige Deformation 4
Verklebungslemma 78
verselle Deformation 4
vertikaler Automorphismus 12, 15, 61 ff
vollständige Deformation 4

Wavrik,J.J. 5, 134
Weierstraßfamilie 101

zentrale Faser 3
zerfallender Cozyklus 17

ol. 551: Algebraic K-Theory, Evanston 1976. Proceedings. Edited M. R. Stein. XI, 409 pages. 1976.

ol. 552: C. G. Gibson, K. Wirthmüller, A. A. du Plessis and J. N. Looijenga. Topological Stability of Smooth Mappings. V, 5 pages. 1976.

ol. 553: M. Petrich, Categories of Algebraic Systems. Vector and ojective Spaces, Semigroups, Rings and Lattices. VIII, 217 pages. 76.

ol. 554: J. D. H. Smith, Mal'cev Varieties. VIII, 158 pages. 1976.

ol. 555: M. Ishida, The Genus Fields of Algebraic Number Fields. , 116 pages. 1976.

ol. 556: Approximation Theory. Bonn 1976. Proceedings. Edited by Schaback and K. Scherer. VII, 466 pages. 1976.

ol. 557: W. Iberkleid and T. Petrie, Smooth S^1 Manifolds. III, 3 pages. 1976.

ol. 558: B. Weisfeiler, On Construction and Identification of Graphs. V, 237 pages. 1976.

ol. 559: J.-P. Caubet, Le Mouvement Brownien Relativiste. IX, 2 pages. 1976.

ol. 560: Combinatorial Mathematics, IV, Proceedings 1975. Edited L. R. A. Casse and W. D. Wallis. VII, 249 pages. 1976.

ol. 561: Function Theoretic Methods for Partial Differential Equations. armstadt 1976. Proceedings. Edited by V. E. Meister, N. Weck d W. L. Wendland. XVIII, 520 pages. 1976.

ol. 562: R. W. Goodman, Nilpotent Lie Groups: Structure and pplications to Analysis. X, 210 pages. 1976.

ol. 563: Séminaire de Théorie du Potentiel. Paris, No. 2. Proceedings 75–1976. Edited by F. Hirsch and G. Mokobodzki. VI, 292 pages. 76.

ol. 564: Ordinary and Partial Differential Equations, Dundee 1976. roceedings. Edited by W. N. Everitt and B. D. Sleeman. XVIII, 551 ages. 1976.

ol. 565: Turbulence and Navier Stokes Equations. Proceedings 75. Edited by R. Temam. IX, 194 pages. 1976.

ol. 566: Empirical Distributions and Processes. Oberwolfach 1976. roceedings. Edited by P. Gaenssler and P. Révész. VII, 146 pages. 76.

ol. 567: Séminaire Bourbaki vol. 1975/76. Exposés 471–488. IV, 03 pages. 1977.

ol. 568: R. E. Gaines and J. L. Mawhin, Coincidence Degree, and onlinear Differential Equations. V, 262 pages. 1977.

ol. 569: Cohomologie Etale SGA 4½. Séminaire de Géométrie lgébrique du Bois-Marie. Edité par P. Deligne. V, 312 pages. 1977.

ol. 570: Differential Geometrical Methods in Mathematical Physics, onn 1975. Proceedings. Edited by K. Bleuler and A. Reetz. VIII, 76 pages. 1977.

ol. 571: Constructive Theory of Functions of Several Variables, berwolfach 1976. Proceedings. Edited by W. Schempp and K. Zeller. VI, 290 pages. 1977

ol. 572: Sparse Matrix Techniques, Copenhagen 1976. Edited by . A. Barker. V, 184 pages. 1977.

ol. 573: Group Theory, Canberra 1975. Proceedings. Edited by A. Bryce, J. Cossey and M. F. Newman. VII, 146 pages. 1977.

ol. 574: J. Moldestad, Computations in Higher Types. IV, 203 ages. 1977.

ol. 575: K-Theory and Operator Algebras, Athens, Georgia 1975. dited by B. B. Morrel and I. M. Singer. VI, 191 pages. 1977.

ol. 576: V. S. Varadarajan, Harmonic Analysis on Real Reductive roups. VI, 521 pages. 1977.

ol. 577: J. P. May, E_∞ Ring Spaces and E_∞ Ring Spectra. IV, 68 pages. 1977.

ol. 578: Séminaire Pierre Lelong (Analyse) Année 1975/76. Edité ar P. Lelong. VI, 327 pages. 1977.

ol. 579: Combinatoire et Représentation du Groupe Symétrique, trasbourg 1976. Proceedings 1976. Edité par D. Foata. IV, 339 ages. 1977.

Vol. 580: C. Castaing and M. Valadier, Convex Analysis and Measurable Multifunctions. VIII, 278 pages. 1977.

Vol. 581: Séminaire de Probabilités XI, Université de Strasbourg. Proceedings 1975/1976. Edité par C. Dellacherie, P. A. Meyer et M. Weil. VI, 574 pages. 1977.

Vol. 582: J. M. G. Fell, Induced Representations and Banach *-Algebraic Bundles. IV, 349 pages. 1977.

Vol. 583: W. Hirsch, C. C. Pugh and M. Shub, Invariant Manifolds. IV, 149 pages. 1977.

Vol. 584: C. Brezinski, Accélération de la Convergence en Analyse Numérique. IV, 313 pages. 1977.

Vol. 585: T. A. Springer, Invariant Theory. VI, 112 pages. 1977.

Vol. 586: Séminaire d'Algèbre Paul Dubreil, Paris 1975–1976 (29ème Année). Edited by M. P. Malliavin. VI, 188 pages. 1977.

Vol. 587: Non-Commutative Harmonic Analysis. Proceedings 1976. Edited by J. Carmona and M. Vergne. IV, 240 pages. 1977.

Vol. 588: P. Molino, Théorie des G-Structures: Le Problème d'Equivalence. VI, 163 pages. 1977.

Vol. 589: Cohomologie l-adique et Fonctions L. Séminaire de Géométrie Algébrique du Bois-Marie 1965–66, SGA 5. Edité par L. Illusie. XII, 484 pages. 1977.

Vol. 590: H. Matsumoto, Analyse Harmonique dans les Systèmes de Tits Bornologiques de Type Affine. IV, 219 pages. 1977.

Vol. 591: G. A. Anderson, Surgery with Coefficients. VIII, 157 pages. 1977.

Vol. 592: D. Voigt, Induzierte Darstellungen in der Theorie der endlichen, algebraischen Gruppen. V, 413 Seiten. 1977.

Vol. 593: K. Barbey and H. König, Abstract Analytic Function Theory and Hardy Algebras. VIII, 260 pages. 1977.

Vol. 594: Singular Perturbations and Boundary Layer Theory, Lyon 1976. Edited by C. M. Brauner, B. Gay, and J. Mathieu. VIII, 539 pages. 1977.

Vol. 595: W. Hazod, Stetige Faltungshalbgruppen von Wahrscheinlichkeitsmaßen und erzeugende Distributionen. XIII, 157 Seiten. 1977.

Vol. 596: K. Deimling, Ordinary Differential Equations in Banach Spaces. VI, 137 pages. 1977.

Vol. 597: Geometry and Topology, Rio de Janeiro, July 1976. Proceedings. Edited by J. Palis and M. do Carmo. VI, 866 pages. 1977.

Vol. 598: J. Hoffmann-Jørgensen, T. M. Liggett et J. Neveu, Ecole d'Eté de Probabilités de Saint-Flour VI – 1976. Edité par P.-L. Hennequin. XII, 447 pages. 1977.

Vol. 599: Complex Analysis, Kentucky 1976. Proceedings. Edited by J. D. Buckholtz and T. J. Suffridge. X, 159 pages. 1977.

Vol. 600: W. Stoll, Value Distribution on Parabolic Spaces. VIII, 216 pages. 1977.

Vol. 601: Modular Functions of one Variable V, Bonn 1976. Proceedings. Edited by J.-P. Serre and D. B. Zagier. VI, 294 pages. 1977.

Vol. 602: J. P. Brezin, Harmonic Analysis on Compact Solvmanifolds. VIII, 179 pages. 1977.

Vol. 603: B. Moishezon, Complex Surfaces and Connected Sums of Complex Projective Planes. IV, 234 pages. 1977.

Vol. 604: Banach Spaces of Analytic Functions, Kent, Ohio 1976. Proceedings. Edited by J. Baker, C. Cleaver and Joseph Diestel. VI, 141 pages. 1977.

Vol. 605: Sario et al., Classification Theory of Riemannian Manifolds. XX, 498 pages. 1977.

Vol. 606: Mathematical Aspects of Finite Element Methods. Proceedings 1975. Edited by I. Galligani and E. Magenes. VI, 362 pages. 1977.

Vol. 607: M. Métivier, Reelle und Vektorwertige Quasimartingale und die Theorie der Stochastischen Integration. X, 310 Seiten. 1977.

Vol. 608: Bigard et al., Groupes et Anneaux Réticulés. XIV, 334 pages. 1977.

Vol. 609: General Topology and Its Relations to Modern Analysis and Algebra IV. Proceedings 1976. Edited by J. Novák. XVIII, 225 pages. 1977.

Vol. 610: G. Jensen, Higher Order Contact of Submanifolds of Homogeneous Spaces. XII, 154 pages. 1977.

Vol. 611: M. Makkai and G. E. Reyes, First Order Categorical Logic. VIII, 301 pages. 1977.

Vol. 612: E. M. Kleinberg, Infinitary Combinatorics and the Axiom of Determinateness. VIII, 150 pages. 1977.

Vol. 613: E. Behrends et al., L^p-Structure in Real Banach Spaces. X, 108 pages. 1977.

Vol. 614: H. Yanagihara, Theory of Hopf Algebras Attached to Group Schemes. VIII, 308 pages. 1977.

Vol. 615: Turbulence Seminar, Proceedings 1976/77. Edited by P. Bernard and T. Ratiu. VI, 155 pages. 1977.

Vol. 616: Abelian Group Theory, 2nd New Mexico State University Conference, 1976. Proceedings. Edited by D. Arnold, R. Hunter and E. Walker. X, 423 pages. 1977.

Vol. 617: K. J. Devlin, The Axiom of Constructibility: A Guide for the Mathematician. VIII, 96 pages. 1977.

Vol. 618: I. I. Hirschman, Jr. and D. E. Hughes, Extreme Eigen Values of Toeplitz Operators. VI, 145 pages. 1977.

Vol. 619: Set Theory and Hierarchy Theory V, Bierutowice 1976. Edited by A. Lachlan, M. Srebrny, and A. Zarach. VIII, 358 pages. 1977.

Vol. 620: H. Popp, Moduli Theory and Classification Theory of Algebraic Varieties. VIII, 189 pages. 1977.

Vol. 621: Kauffman et al., The Deficiency Index Problem. VI, 112 pages. 1977.

Vol. 622: Combinatorial Mathematics V, Melbourne 1976. Proceedings. Edited by C. Little. VIII, 213 pages. 1977.

Vol. 623: I. Erdelyi and R. Lange, Spectral Decompositions on Banach Spaces. VIII, 122 pages. 1977.

Vol. 624: Y. Guivarc'h et al., Marches Aléatoires sur les Groupes de Lie. VIII, 292 pages. 1977.

Vol. 625: J. P. Alexander et al., Odd Order Group Actions and Witt Classification of Innerproducts. IV, 202 pages. 1977.

Vol. 626: Number Theory Day, New York 1976. Proceedings. Edited by M. B. Nathanson. VI, 241 pages. 1977.

Vol. 627: Modular Functions of One Variable VI, Bonn 1976. Proceedings. Edited by J.-P. Serre and D. B. Zagier. VI, 339 pages. 1977.

Vol. 628: H. J. Baues, Obstruction Theory on the Homotopy Classification of Maps. XII, 387 pages. 1977.

Vol. 629: W. A. Coppel, Dichotomies in Stability Theory. VI, 98 pages. 1978.

Vol. 630: Numerical Analysis, Proceedings, Biennial Conference, Dundee 1977. Edited by G. A. Watson. XII, 199 pages. 1978.

Vol. 631: Numerical Treatment of Differential Equations. Proceedings 1976. Edited by R. Bulirsch, R. D. Grigorieff, and J. Schröder. X, 219 pages. 1978.

Vol. 632: J.-F. Boutot, Schéma de Picard Local. X, 165 pages. 1978.

Vol. 633: N. R. Coleff and M. E. Herrera, Les Courants Résiduels Associés à une Forme Méromorphe. X, 211 pages. 1978.

Vol. 634: H. Kurke et al., Die Approximationseigenschaft lokaler Ringe. IV, 204 Seiten. 1978.

Vol. 635: T. Y. Lam, Serre's Conjecture. XVI, 227 pages. 1978.

Vol. 636: Journées de Statistique des Processus Stochastiques, Grenoble 1977, Proceedings. Edité par Didier Dacunha-Castelle et Bernard Van Cutsem. VII, 202 pages. 1978.

Vol. 637: W. B. Jurkat, Meromorphe Differentialgleichungen. VII, 194 Seiten. 1978.

Vol. 638: P. Shanahan, The Atiyah-Singer Index Theorem, An Introduction. V, 224 pages. 1978.

Vol. 639: N. Adasch et al., Topological Vector Spaces. V, 125 pages. 1978.

Vol. 640: J. L. Dupont, Curvature and Characteristic Classes. X, 175 pages. 1978.

Vol. 641: Séminaire d'Algèbre Paul Dubreil, Proceedings Paris 1976–1977. Edité par M. P. Malliavin. IV, 367 pages. 1978.

Vol. 642: Theory and Applications of Graphs, Proceedings, Michigan 1976. Edited by Y. Alavi and D. R. Lick. XIV, 635 pages. 1978.

Vol. 643: M. Davis, Multiaxial Actions on Manifolds. VI, 141 pages. 1978.

Vol. 644: Vector Space Measures and Applications I, Proceedings 1977. Edited by R. M. Aron and S. Dineen. VIII, 451 pages. 1978.

Vol. 645: Vector Space Measures and Applications II, Proceedings 1977. Edited by R. M. Aron and S. Dineen. VIII, 218 pages. 1978.

Vol. 646: O. Tammi, Extremum Problems for Bounded Univalent Functions. VIII, 313 pages. 1978.

Vol. 647: L. J. Ratliff, Jr., Chain Conjectures in Ring Theory. VIII, 133 pages. 1978.

Vol. 648: Nonlinear Partial Differential Equations and Applications, Proceedings, Indiana 1976–1977. Edited by J. M. Chadam. VI, 206 pages. 1978.

Vol. 649: Séminaire de Probabilités XII, Proceedings, Strasbourg, 1976–1977. Edité par C. Dellacherie, P. A. Meyer et M. Weil. VIII, 805 pages. 1978.

Vol. 650: C*-Algebras and Applications to Physics. Proceedings 1977. Edited by H. Araki and R. V. Kadison. V, 192 pages. 1978.

Vol. 651: P. W. Michor, Functors and Categories of Banach Spaces. VI, 99 pages. 1978.

Vol. 652: Differential Topology, Foliations and Gelfand-Fuks-Cohomology, Proceedings 1976. Edited by P. A. Schweitzer. XIV, 252 pages. 1978.

Vol. 653: Locally Interacting Systems and Their Application in Biology. Proceedings, 1976. Edited by R. L. Dobrushin, V. I. Kryukov and A. L. Toom. XI, 202 pages. 1978.

Vol. 654: J. P. Buhler, Icosahedral Golois Representations. III, 143 pages. 1978.

Vol. 655: R. Baeza, Quadratic Forms Over Semilocal Rings. VI, 199 pages. 1978.

Vol. 656: Probability Theory on Vector Spaces. Proceedings, 1977. Edited by A. Weron. VIII, 274 pages. 1978.

Vol. 657: Geometric Applications of Homotopy Theory I, Proceedings 1977. Edited by M. G. Barratt and M. E. Mahowald. VIII, 459 pages. 1978.

Vol. 658: Geometric Applications of Homotopy Theory II, Proceedings 1977. Edited by M. G. Barratt and M. E. Mahowald. VIII, 487 pages. 1978.

Vol. 659: Bruckner, Differentiation of Real Functions. X, 247 pages. 1978.

Vol. 660: Equations aux Dérivée Partielles. Proceedings, 1977. Edité par Pham The Lai. VI, 216 pages. 1978.

Vol. 661: P. T. Johnstone, R. Paré, R. D. Rosebrugh, D. Schumacher, R. J. Wood, and G. C. Wraith, Indexed Categories and Their Applications. VII, 260 pages. 1978.

Vol. 662: Akin, The Metric Theory of Banach Manifolds. XIX, 306 pages. 1978.

Vol. 663: J. F. Berglund, H. D. Junghenn, P. Milnes, Compact Right Topological Semigroups and Generalizations of Almost Periodicity. X, 243 pages. 1978.

Vol. 664: Algebraic and Geometric Topology, Proceedings, 1977. Edited by K. C. Millett. XI, 240 pages. 1978.

Vol. 665: Journées d'Analyse Non Linéaire. Proceedings, 1977. Edité par P. Bénilan et J. Robert. VIII, 256 pages. 1978.

Vol. 666: B. Beauzamy, Espaces d'Interpolation Réels: Topologie et Géometrie. X, 104 pages. 1978.

Vol. 667: J. Gilewicz, Approximants de Padé. XIV, 511 pages. 1978.

Vol. 668: The Structure of Attractors in Dynamical Systems. Proceedings, 1977. Edited by J. C. Martin, N. G. Markley and W. Perrizo. VI, 264 pages. 1978.

Vol. 669: Higher Set Theory. Proceedings, 1977. Edited by G. H. Müller and D. S. Scott. XII, 476 pages. 1978.